褚俊洁 著

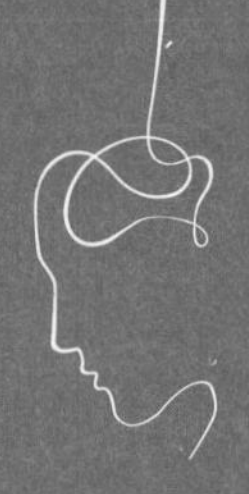

■ 造物文化与设计丛书

设计的心事

——设计心理学

中国建筑工业出版社
CHINA ARCHITECTURE & BUILDING PRESS

图书在版编目（CIP）数据

设计的心事：设计心理学/褚俊洁著. —北京：中国建筑工业出版社，2017.11
（造物文化与设计丛书）
ISBN 978-7-112-21270-5

Ⅰ.①设… Ⅱ.①褚… Ⅲ.①工业设计—应用心理学 Ⅳ.①TB47-05

中国版本图书馆CIP数据核字（2017）第234473号

责任编辑：李成成 吴 绫 李东禧
责任校对：焦 乐 王宇枢

造物文化与设计丛书
设计的心事——设计心理学
褚俊洁 著
*
中国建筑工业出版社出版、发行（北京海淀三里河路9号）
各地新华书店、建筑书店经销
北京京点图文设计有限公司制版
北京市密东印刷有限公司印刷
*
开本：889×1194毫米 1/20 印张：14⅖ 字数：272千字
2017年11月第一版 2017年11月第一次印刷
定价：65.00元
ISBN 978-7-112-21270-5
（30896）

前言

设计就在身边，在你那比星星更复杂的大脑里，在你眼中“日出江花红胜火”的颜色里，在为我们提供必要功能的日常物品里，在非实体化的设计等层出不穷的新概念里。

人的行为揭露出痛点，从你弯曲的臂膀间，从你的语言及文字传达的信息间，从你的情绪、记忆与注意力中，从你感受到移情的同理心里……

心理学实验如同故事，让你发现心理学本质的规律，向你讲述设计的心事。

设计心理学是设计学与心理学的交叉学科，目前国内外的相关书籍并没有很多。前辈学者以自身的知识结构特点和实践经验构建的理论体系，给了笔者很多启发。在本书中，笔者以认知心理学为基本理论依据，结合工程心理学、格式塔心理学、社会心理学、人本主义心理学等知识以及产品设计案例分析来进行讲解。在讲述心理学史上的经典实验及人因生理学机能的基础上，通过举例论证的方式，用最贴近读者日常生活的物品及场景，描述了一个又一个设计心理学现象。本书较以往的著作，更侧重心理学基础知识和经典实验的讲述，并在排版设计中保有页面留白，方便读者们记录笔记和心得。本书共十一个章节，包括设计中的视觉心理基础及生理基础、色彩、平衡与对称、认知与注意力、知觉与心理表象、记忆与移情等内容。

本书适合对产品设计和心理学感兴趣的读者们，可以作为设计心理学的入门指引，亦可为产品设计领域的从业者提供心理学领域的知识内容。在一年多的书写过程中，笔者深感自身的知识和认知水平有限，书中难免存有诸多缺点和不足，望读者朋友们批评指正。

在此，非常感谢对本书提出诸多帮助的朋友们。中国海洋大学的同事们为我提供了很多素材和参考文献；中国建筑工业出版社李成成编辑积极与我交流讨论，没有她的努力付出就不可能有本书的出版；也感谢瓢在长时间里与我讨论编写思路，感谢罐帮忙绘制的心理学图表；感谢白仁飞老师的排版设计建议；最后感谢我的亲人朋友们。

目 录

前 言

第一章 设计中的视觉心理

设计与心理的碰撞 002
设计确有心事 004
喜简厌繁 006
象由心生 009
完形拓展 012
格式塔之惑 018
心脑同形的错误 020
被成像的世界 021

第二章 眼中的秘密

脑比星星更复杂 027
透明的镜子 029
神秘的视网膜 032
有光了，我却什么都看不见 034

第三章 随心赋彩

颜色“三姐妹” 041
来自太阳的光源 044
它们本来的色彩 046

为什么日出江花红胜火? 048
环境色的画意 051
要么互补，要么邻近 054
光鲜自然亮丽 058
怎么会变成“僵尸色”? 061

第四章 寻找平衡
最直接的平衡 065
我们天生爱“对称” 070

第五章 认知与设计
冰箱里的梅子 076
储备得越多，就知觉得越多 079

第六章 注意，就是那个!
信息会悄悄地溜走 086
了不起的信噪比 088
视觉搜索的特点 090
什么能被我们注意 093
变化盲与消失的大猩猩 100
为什么开车不能打手机? 103

第七章
知觉的逻辑

由“觉”而“知” 109
Affordance——利用我们天性的设计 112
诺曼真的错了吗? 114
三种人造物 119
对自然界的外显特征利用 121
对自然界内在运行规律的利用 125
非物质社会下的 Affordance 130

第八章
设计的心理表象

不同脑区有不同的表征方式 138
视觉表象 141
柏拉图的“床”和朱自清的《背影》 143
典型表象 147
自下而上加工还是自上而下加工? 152
我们总在玩配图游戏 155
模板匹配 157
特征分析 158
原型匹配 160
丰富的联觉 162

第九章
设计中的记忆心理

记忆造就了自我 166
我们如何知道画的是什么？ 168
让用户看懂很重要，看不懂也很重要 172
唤起心中的记忆 176
记忆的编码 180
巧妙的实验——感觉记忆的发现 183
分分钟的它 185
记忆的加工水平 188
关于自己的都容易记住 190
环境能提供给我们记忆的线索 192
信息如何被转化和存储呢？ 194
总会有遗忘 198
记忆为何要离去？ 201
记忆该有多长？ 203
亨利的海马回 205
是时候知道记忆的运转机制了！ 207
想记住枯燥的知识？有好多办法！ 209
它，真的是我们记忆中的样子吗？ 213

第十章
左右设计的情感

情绪与情感是孪生兄弟 219

情绪、情感的生理学信号 221
情绪的表情 223
理论界的江湖恩仇 227
心生荡漾 231
电醒人心一视觉化的权威 234
权威的形象 237
手臂弯曲引起的快乐 241

第十一章
移情，建立情感的纽带
移情差异 248
移情的发生机制 249
唤醒移情 251
设计中的角色承担 254
设计中的移情方法 258
实践出真知 260

参考文献

第一章　设计中的视觉心理

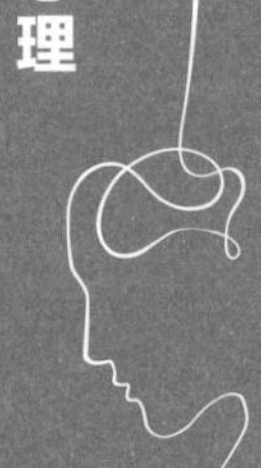

在设计对象与设计本身发生巨大变化的今天，要确定将何种设计问题和设计案例纳入讨论，需要智慧地选择和大胆取舍。设计命题的扩展使非实体化的设计变得越来越重要，也正成为设计谈论的核心。诸如转型设计（Transition design）、服务设计（Service design）、社会性设计（Social design）等概念层出不穷，但深入其中我们又看到，他们其实都含有个体心理和社会心理的因素。无论是从动机、社会还是认知的角度来说，他们都与传统的产品设计遥相呼应。因而，在心理学的面纱下或许能瞥见设计的心事。

设计与心理的碰撞

在唐纳德·诺曼（Donald Arthur Norman）之前，心理学和工业设计之间，还有明显的界限。

甚至是在包豪斯的著名设计师那里，心理学都只是人们茶余饭后的谈资。20 世纪初的设计先驱们，不得不思考钢筋混凝土建筑如何变得更加高效、实用而又美观，如何改变流水线生产的灰色立方体组成的家居用品，如何让资产不断丰富的雇主接受简洁而又明亮的室内装饰。那时，他们除了根据已有的视觉经验迎接新材料和新技术带来的挑战以外，别无他法。虽然如此，他们还是非常勇敢地、开创性地给人们的生活创造了新的形象、空间、结构、色彩等新的视觉体验。他们解决了新技术、新材料带给人们的恐惧感！

确实，包豪斯时代的心理学，作为心理学科来讲，也才刚刚起步。心理学相关的研究成果几近于无。虽然弗洛伊德倡导和实践的心理分析学派方法及理论在当时的欧洲已经得到许多人的关注且产生了深远的影响，但对于设计师们来说，仅限于激发想象，稍不注意，创造力就会在性与梦的温柔乡里被禁锢。在包豪斯发展的后期，当行为主义心理学派风靡美国，欧洲的旗帜手寥寥无几。1908 年，王尔德（Henry van de Velde）远赴魏玛，在其倡导下，几经周折，把魏玛市立美术学校改建成市立工艺学校。这个学校就是战后包豪斯设计学院的直接前身。此时，在柏林，因创建格式塔心理学而在心理学史上举足轻重的人物——库尔特·考夫卡（Kurt Koffka），刚刚拿到他的博士学位。考夫卡的研究成果后来对视觉相关领域启发颇多，其中提出的一些后来称之为格式塔的理论，至今有非同寻常的影响。如果包豪斯的设计师能够接触到格式塔的一些原则，或许对当时的平面设计等领域会产生很大的影响。然而，当时间轴再次叠交，在考夫卡的重要著作《格式塔心理学原理》于1935年首次出版之时，包豪斯已经解散了。

同样，也是在1935年，打破心理学和工业设计之间界限的诺曼，在美国纽约出生。

1957年，诺曼在麻省理工学院获得了电子工程学士学位。两年后，他获得宾夕法尼亚州立大学电子工程学硕士学位。没错，他的兴趣点一直是在计算机领域。1962年，他竟获得了数学心理学哲学博士学位。从计算机到心理学，诺曼为何会做出这样的决定？1966年，他成为加州大学圣地亚哥分校的心理学教授，很快便担任该校的心理系主任。1988年到1993年，他致力于建立认知科学系并任该系的教授和主任，直到退休。另一方面，诺曼实际上还在多家公司和教育机构担任董事，包括芝加哥设计学院。也曾担任苹果公司的高级副总裁。他还和别人合伙创办尼尔森诺曼集团（Nielsen Norman Group）。

诺曼还通过不断著书来阐发自己的心得。从1969年开始，他便陆续出版记忆、注意、认知、学习等与心理认知相关的多种著作。这些著作畅销全球，甚至成为重要的用户手册。诺曼既总结自己的经验，又不断进行新的思考，给人们最新的启发。从将吉布森的affordance理论应用到设计领域，尖锐地指出日常产品的问题，到提出本能、行为和反思这三个不同维度的情感化设计理论，诺曼成了在设计领域最活跃、最丰产的心理学家之一。

设计确有心事

仅仅是诺曼吗?

产业界的设计师们对此应该不会感到陌生。目前的情况是，产品设计的研发总会招聘一些心理学背景的人才，为产品设计做用户体验的调查和研究，以确保设计出的产品能够获得用户的“芳心”,以赢得用户对产品的“亲切感”。因此，像诺曼一样，一批既对心理学的方法和成果了如指掌，又对产品设计充满热情的人，极大地促进了产品设计的发展。并且，此类人数量众多。他们的贡献在数字产品领域显得格外重要，那些还没有养成数字产品使用经验的人们，是他们的重点服务对象。

奶奶做了一辈子的裁缝，手工活儿可谓精美细致。时常会有早年的客人，拿出自己很久以前在我们家定做的衣服，啧啧称叹奶奶把纽眼儿锁得多么结实，以至于这么多年来没有出现一处线头。我也非常佩服奶奶，戴着老花眼镜，也能把一根根针脚扎匀，还那么细、那么密。但这两年，奶奶不得不放下手中的活儿，去叔叔家照顾小孙子，负责上学接送。万万没想到，我再次见她时，发现她显得如此孤独，甚至落寞。她说:“我在这里待了一年，还是没有搞清楚家里那些大大小小的屏幕。”从开门的指纹识别到屋内的湿度显示;从客厅灯的开关到冰箱温度的管理;从窗帘的升降到鱼缸的氧气调节……叔叔家到处都是屏幕化的操作。对于他们来说，这些设备方便快捷，让家里充满了现代气息。然而，这对于奶奶，简直如同外星世界。家里没有电视，因为有智能手机、平板电脑以及一台 Mac。只要一回家，便都自动连接上了 wifi，可以进行各种娱乐活动。然而,这些奶奶都不会。她觉得自己能用老人机打电话,就已经非常不错了。于是，奶奶只能洗完碗筷，呆呆地坐在一旁，默默看自己的儿孙们，对着各式各样的屏幕兴奋异常。

奶奶的事情，让我不禁反思:人们对数字化产品的认知与物理化产品的认知到底有多大的不同?用户的认知，直接关系到对产品的体验。然而各式各样的屏幕,俨然已经造成了许多人的认知困难和体验灾难。不仅是像奶奶这样的老人。

不得不承认，包豪斯时代的新技术和新材料已经过时，而我们面临的是从20世纪就已经开始的新一次工业革命。信息革命带来的挑战，便是新的技术以及新的商业机会。当代的设计，从来都是由技术和商业共同推动的。目前我们对AI、VR、AR等相关产品充满期待，因为它们还未真正进入我们的生活。但是商业的发展，已经不断地在鼓励并且催生着新技术产品走近千家万户。换句话说，这里面隐藏有巨大的利益诱惑，而商业理念的变化更让新技术产品的未来市场一片光明,这便是“服务”的理念产生和发展的原因。这个理念使商人“以消费者为中心”，更要求产品设计师在设计的原则上真正坚持以用户为中心，即“user centred design”。最早提出“为人的设计”理念的工业设计师亨利·德莱福斯，其主要的所指仍然是人机工程学。时过境迁,人们从未敢忘记这个最基本的原则，毕竟我们仍然讨论的是大工业背景下的设计问题，目标仍是让我们迎接新的挑战，以让生活变得更加方便、愉悦。

幸运的是，人们在面临这一次新技术和新材料的时候，心理学研究得到了极大的发展。这意味着设计师们不仅可以从科学家那里得到关于人机工程相关的成果，更为重要的是，设计师可以通过心理学领域的知觉、注意、记忆、情感等多种认知渠道去探索用户的使用心理。

莫里斯当年发现水晶宫里那些矫揉造作的装饰并不符合大工业时代的趣味，大多数设计师们还在借鉴手作时代的产品样式。同样，当今的设计师们或许很难从物理产品设计完全转换到数字化虚拟世界的产品设计时代，他们仍然一边借鉴并践行人机工程相关的理论，一边在心理学领域汲取养料。对一些人来说，数字化产品带来的是方便和快捷，但同时，却给另外的人造成了严重的认知困难。实际上，人们很难从物理产品的使用逻辑上转换到数字界面的使用上去。而这些现存的困境，就是我们探索设计背后的用户心理问题的原动力。

喜简厌繁

整整一天，我们都在接受来自环境的大量信息，这实在让人感到有些疲惫。繁多的图像、文字和物件，吱吱呀呀地攒在一起，向我们涌来。乐观来说，在大多数情况下我们能理解这些涉及物体鉴别的信息。我们及目、闻声、触物、过心，这些信息填充着我们的生活，丰富了我们的记忆，构成了我们的心事。

信息的处理、物体的识别看起来是如此自然和简单，以至我们很难相信其加工过程实际上是相当复杂的。由感觉器官，经过中枢神经到达大脑，信息以每秒百米的速度冲刺。当神经纤维上这些化学变化完成的瞬间，人体内也消耗着大量能量。我们的大脑工作一天，大概消耗两根大香蕉所含的能量。这看似微不足道，或者幸运地说，相对于机械系统，大脑的工作效率显然更高，但是从生物学角度讲，它却是个耗能大户。大脑以仅占人体3%的重量，消耗着人体约1/5的能量。正因为此，六百万年来，人体的大脑才一直朝着“少投入、多产出”的方向进化，能省则省，经济行事。这样的处理方式，造就了今天人类大脑独特的认知。

由于人体大脑的节能原则，我们喜简厌繁。无论是物体的识别，记忆的增进，还是事件的处理，我们都秉承着简洁的原则，以便消耗最小而产出最大。人造物的设计，自然也大多沿袭此原则。

无论是包豪斯各位大师们的工业设计实践还是设计巨擘迪特·拉姆斯（Dieter Rams 1932至今），（图1-1）在秉承“少就是多（Less，but better）”的设计原则下提

图1–1　迪特·拉姆斯（Dieter Rams）1932年5月20日出生于德国黑森邦威斯巴登市，是著名德国工业设计师

出的“设计十诫”，都体现了大脑认知的简洁律。1956年，拉姆斯与设计师汉斯合作设计了1956年款超级语音收音机SK4，在德国广泛使用，由于其极具功能感与理性主义的简洁造型，在当时被戏称为“白雪公主之棺”(Snow White's Coffin，图1-2)。正是这款体现高度简洁性和秩序美感的产品，和之后博朗公司推出的一系列产品，开创了德国功能主义产品设计的时代，成为设计史上的经典。从计算器、音响、投影仪到家具，迪特·拉姆斯用大量经典的产品设计创立了一代设计风格，他坚持“创新、实用、美观、方便、内敛、诚实、持久耐用、精致和对环境负责”的原则。而这些原则的美学终点，都落在了秩序性与简洁性上。方正端庄的整体造型、对比明确的棕白色配合、排列整齐的出音孔和旋钮、对播放过程毫无隐藏的透明机盖、实时反馈的物理操作和具有品质保证的质感处理，通过所有这些，“白雪公主之棺”向我们轻而易举地传达了它的产品信息，使我们在一瞥中，既获得了产品的功能特点和操作线索，又对它的美产生深深的烙印，久久不能散去。

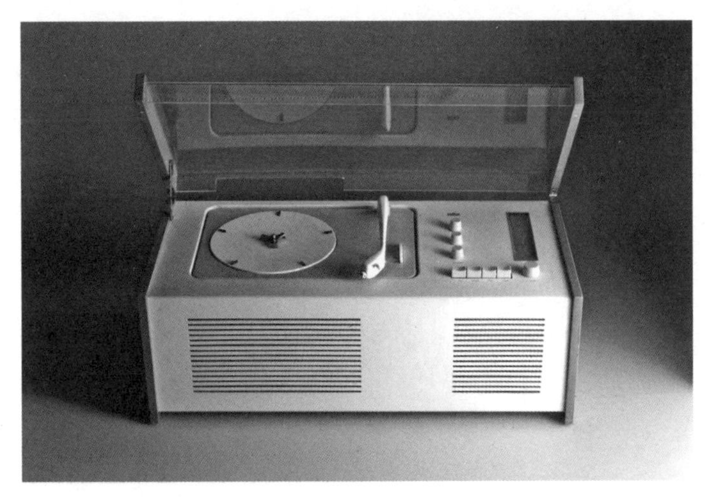

图1–2 组合音响设备SK4，迪特·拉姆斯。1956年。金属、木材和塑料
制造商：德国Braun公司

这些著名设计体现出的美学与功能传达效果令人惊叹。它们是如何抓住我们的眼球、深入我们的心灵，如何在背景繁杂的信息世界拥有一席之地的?

纵观设计史上的这些经典产品，大多简洁优美而有整体性。使人一见到，便能从视觉上把握住它们的结构关系，从而知晓其功能如何实现，信息如何传达，操作如何进行。规整的视觉状态深得我们大脑的喜爱，而这种喜爱背后，是人脑对能量消耗的竭力节省。我们的大脑其实是一台24小时工作的机器，当一个人思考的时候，大脑内的数百万个神经元会相互传递信息，并把大脑的指令传递到身体的各个部位。这些神经元工作的时候需要“燃料”。据测算，它们每天消耗掉肝脏储存血糖的75%，而耗氧量占全身耗氧量的20%。为了尽量“运转高效”，我们的大脑养成了一个喜爱“整体性和简洁律”的习惯。这里提到的整体性、简洁律在1935年被一位叫作库尔特·考夫卡（Kurt Koffka）的智者先行整理提出，并形成了格式塔心理学派。

象由心生

图 1–3 库尔特·考夫卡，生于 1886 年 3 月 18 日，逝于 1941 年 11 月 22 日。美籍德裔心理学家，格式塔心理学的代表人物之一。代表著作有《思维的成长：儿童心理学导论》、《格式塔心理学原理》

库尔特·考夫卡（1886-1941，图 1-3）自 1910 年起同 M. 维特海默(M.Wertheimer ）和 W. 苛勒（ W. Kohler ）在德国法兰克福开始了长期的创造性合作，“似动”（ Apparent movement ）实验成为格式塔心理学的起点。“格式塔”是德文“Gestalt”的音译，主要指完形，即具有不同部分分离特性的有机整体。

格式塔心理学似乎意指物体及其形式和特征，但是它不能译为英文“结构”或“构造”——structure。考夫卡自己曾指出：“这个名词不得译为英文 structure，由于构造主义和机能主义争论的结果，structure 在英美心理学界已得到了很明确而不同的含义了。”因此，考夫卡采用了 E.B. 铁钦纳（ E. B. Titchener ）对 structure 的译文“configuration”，中文译为“完形”。所以在我国，格式塔心理学又译为完形心理学。

考夫卡与其研究伙伴大多以静态二维图（图 1-4）为试验材料来探究人脑知觉特征。所以说，格式塔这个术语起始于视觉领域的研究，但它又不限于视觉领域，甚至不限于整个感觉领域。苛勒认为，形状意义上的“格式塔”已不再是格式塔心理学家们的注意中心，它可以进行学习、记忆、情绪、思维等过程。广义地说，格式塔心理学家们用“格式塔”这个术语研究心理学的整个领域。格式塔心理学强调经验和行为的整体性，反对当时流行的构造主义元素学说和行为主义“刺激—反应”公式，认为整体不等于部分之和，意识不等于感觉元素的集合,行为不等于反射弧的循环。格式塔心理学把冯特(W. Wundt)(图 1-5)建立的构造主义心理学的元素说讥讽地称为“砖块和灰泥心理学”，说它用联想过程的灰泥把元素的砖块粘合起来,借以筑垒成构造主义的大厦。在这个意义上，G.A. 米勒（G.A. Miller）曾举过一个有趣的例子，用以说明当时格式塔心理学的声势和构造主义的困境：

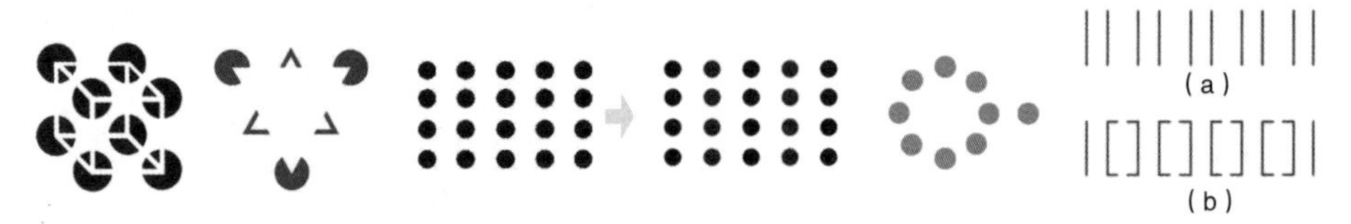

图 1-4　格式塔二维图形

当你走进心理学实验室，一个构造主义心理学家问你:“你在桌子上看见了什么？”

“一本书。”

“不错，当然是一本书。”“可是，你‘真正’看见了什么？”

“你说的是什么意思？我‘真正’看见了什么？我不是已经告诉你了么？我看见一本书，一本包着红色封套的书。”

“对了，你要对我尽可能明确地描述它。”

“按你的意思，它不是一本书？那是什么？”

“是的，它是一本书，我只要你把能看到的东西严格地向我描述出来。”

“这本书的封面看起来好像是一个暗红色的平行四边形。”

“对了，对了，你在平行四边形上看到了暗红色。还有别的吗？”

“在它下面有一条灰白色的边，再下面是一条暗红色的细线，细线下面是桌子，周围是一些闪烁着淡褐色的杂色条纹。”

“谢谢你，你帮助我再一次证明了我的知觉原理。你看见的是颜色而不是物体，你之所以认为它是一本书，是因为它不是别的什么东西，而仅仅是感觉元素的复合物。”

那么，你究竟真正看到了什么？格式塔心理学家认为，你当然看到的是一本书。“至于那种把知觉还原为感觉，只不过是一种智力游戏。任何人在应该看见书的地方却看到一些暗红色的斑点，那么这个人就是一个病人。”

在格式塔心理学家看来，知觉到的东西要大于眼睛看见的东西；任何一种经验的现象，其中的每一成分都牵连到其他成分，每一成分之所以有其特性，是因为它与其他部分具有联系。由此构成的整体，并不决定于其个别的元素，而局部过程却取决于整体的内在特性。完整的现象具有它本身的完整特性，它既不能分解为简单的元素，它的特性又不包含于元素之内。

图 1–5　威廉·冯特（Wilhelm Wundt，1832 年 8 月 16 日 ~ 1920 年 8 月 31 日），德国生理学家、心理学家、哲学家，被公认为是实验心理学之父

完形拓展

格式塔心理学最基本的知觉组织原则是完形律（law of pragnanz）：即具有最好、最简单和最稳定的形状的结构最有可能被知觉为一个物体（Koffka，1935）。格式塔心理学的心物场和同型论为格式塔的总纲，由此派生出若干亚原则，称为组织律。在考夫卡看来，每一个人，包括儿童和原始部落的人，都是依照组织律经验再到有意义的知觉场的。这些良好的组织原则我们在开篇已经由具体产品引出了一些，总体来说，它们包括：

a. 图形与背景。格式塔心理学家特别强调图形——背景分离在知觉组织中的作用。一个物体或视野的某一部分被知觉为图形，而余下的不重要的部分就是背景。这种图形和背景的分离是根据知觉组织原则发生的。根据格式塔原则，图形被知觉为一个清晰的形状或外形，而背景缺乏形状。

此外，图形常被知觉为突出于背景且处于背景之前的，用来区分图形和背景的轮廓，被认为也属于图形。在具有一定配置的场内，有些对象凸显出来形成图形，有些对象退居到衬托地位而成为背景。一般来说，图形与背景的区分度越大，图形就越可突出，从而成为我们的知觉对象。例如，我们在嘈杂的城市中，也能惊闻尖锐而特殊的火警报警声，是因为警报声刻意设定成这样的频率。反之，图形与背景的区分度越小，就越难以把图形与背景分开，军事上的伪装便是如此。物体一旦成为图形，成为前景，它就具备了明确的轮廓、明暗度和统一性。需要指出的是，这些特征不是物理刺激物的特性，而是心理场的特性。换而言之，一个物体，就物理意义而言，具有轮廓、长度、高度以及其他一些特性，但如果此物没有成为注意的中心，它就不会成为图形，而只能成为背景。

阿诺·雅各布森（1902-1971 年）就读于哥本哈根艺术学院建筑系，作为一个著名的建筑师，同时也是一位非常成功的工业设计师。他为丹麦 FH 家具公司（Fritz Hansen）设计了一系列坐具家具，都成了畅销品。他的作品十分强调细节的推敲，以达到整体的完美。他在 1952 年为诺沃公司设计的“蚁”椅（图 1-6），因其形状酷似蚂蚁而得名，虽然后来为了更稳定而做成了四条腿，但最开始时是设计成三条腿的。“蚁”椅的形态简洁且具有整体感，更重要的是，椅子在腰部支撑的位置急剧收窄，形成了细腰的形态，同时靠背和坐板部分依据功能性又做成了大面积支撑。这样，椅子的整体就恰巧形成了抽象的图形，而细腰、大头、圆肚的图形又被观者的大脑有意义地知觉为“蚂蚁”。由此可见，当人脑中对一个图形赋予意义后，这个图形就形成了前景，并极其容易被知觉到。相比于其他坐具，“蚁”椅的流行恰好证明了前景图形的知觉性，给商业产品带来了巨大的“眼球”效应。由图可见，在干净的白色背景上，“蚁”椅的蚂蚁形体造型更加突出。

图 1–6　蚁椅，阿诺·雅各布森。1952 年。成型胶合板、塑钢材和铬钢。制造商：诺沃公司

b. 接近性和连续性。这指的是某些距离较近或互相接近的部分，容易组成整体。连续性指对线条的一种知觉倾向，尽管线条受其他线条或空隙的阻断，却仍像未阻断或仍然连续着一样为人们经验到。我们现在交通系统中的 led 点阵红绿灯应用的就是这个知觉组织原则。通过灯光的亮起，我们很容易知觉到信号灯所传达出的图形信息。当然我们看图 1-7，这里信号灯还通过了颜色的设计加强了图形与背景的区分度，方便了连续图形的阅读。同时我们应该注意到，元素间距越小，这种接近性和连续性的效果也就越好。图 1-8 中的信号灯导向更密集，那么相比较图 1-7 中的设计，这个图形的知觉效果更好，信息传达的更为可靠、准确。

c. 完整和闭合倾向。知觉印象随环境而呈现最完善的形式。彼此相属的部分，容易组合成整体，反之，彼此不相属的部分，则容易被隔离开来。这种完整倾向说明知觉者心理的一种推论倾向，即把一种不连贯的、有缺口的图形尽可能在心理上使之趋合，那便是闭合倾向。完整闭合的图形，更方便人脑的识别与认知，

图 1–7　交通信号灯

图 1–8　交通信号灯

使大脑在处理此物时更节省能量。我们先来看图 1-9 中展现的古西奥罗（Cucciolo）马桶刷架，是由日本著名设计师莲池槙郎（1938-）于 1976 年设计，1977 被纽约当代艺术博物馆（New York Museum of Modern Art）纳入为永久收藏品。古西奥罗马桶刷架的整体性很完美，形成优美的曲面形态，赏心悦目。当马桶刷头一旦被拿起来使用，底座部分就会形成一个很大的缺失。用户对于此不完整的底座缺失图形心理会产生趋合的倾向，也就是说，此马桶刷的设计，给用户一个很强的刷头应放位置的心理暗示。我们在生活中常常使用的按压式出液装置也是一个很好的例子。如图 1-10，洗手液的按压处凸出于瓶体，并通过一个细小的颈来连接，

图 1–9　古西奥罗（Cucciolo）马桶刷架，Makio Hasuike 莲池槙郎。1976 年。苯乙烯树脂（ABS）聚合物和橡胶。制造商：意大利吉迪公司

使这个部分与瓶体形成了两个分离的部分，由于完整和闭合倾向，就给用户在心理的知觉上提供了操作的线索——分离的部分，按压后结合到一起形成整体。我们既可以通过完整和闭合倾向的正向作用来认知物体和图形，也可以通过它的反向作用来提高产品的语意、方便用户操作。

图 1–10 不锈钢泡沫洗手液瓶子

那么，我们如何理解一个破碎的花瓶呢？图1-11所示的红色球形花瓶，由波罗克·斯伯克（Borek Sipek，1949- ）设计制造。斯伯克早年就读于布拉格应用艺术学院，后求学于代夫特高等工业大学学习建筑学。他创作的华丽的玻璃和金属质地的作品，重新系统运用了传统工艺技术和材料，这也使他于1991年就获得了法国文学艺术骑士勋章。图中的花瓶，是斯伯克于1999年前后制作的，花瓶看起来破碎而不完整。人脑在认知物体时，倾向将分割的部分完整化来看待，在破碎的花瓶上，目光游离闪烁，大脑一遍遍在思考这件艺术品的完整性倾向，以求获得一种整体上的认知。花瓶破碎的主体与完好底座间的矛盾看似不可调和。主体的深沉、稳重、半透明的暗红色，加以强烈剥离开的瓶体碎片，对比着透明、轻薄而形态规整的细小底座。这诸多的矛盾点，加强了整体上的完形难度，使观者从眼睛至脑仁都不得清闲，费心费力之余不禁感叹，“这就是件艺术品啊！”

图 1–11 红色球星花瓶，波罗克·斯伯克。1999 年左右。波西米亚水晶。制造商：荷兰斯德特曼美术设计室

d. 相似性。如果各部分的距离相等，但它的颜色有异，那么颜色相同的部分就自然成为整体。这说明相似的部分容易组成整体。我们在做色盲、色弱测试时用到的密布彩色圆点的图形就是依据这个知觉特点，颜色相同或相近的圆点被知觉为一条连续的曲线，从而完形为一个图形。我们来看个反例，图1-12

图 1–12　泰克斯凯布椅，康斯坦丁·波依姆。2001 年。钢和木球。制造商：美国波依姆公司

中的泰克斯凯布椅，由康斯坦丁·波依姆（Constantin Boym，1955-　）设计。椅子面由许多不同颜色的球体构成，球体的颜色各异，并没有什么相同或相似色来组合成一个闭合图形。我们的眼睛在椅子面上来回搜索，以求寻得一个闭合图形来作为回报，然而这是徒劳的。设计师巧妙安排了这些球体颜色，没有给相似性闭合一丝机会，在眼、脑配合间，我们是不是加深了对这个作品的记忆呢？

e. 恒常律。按照同型论，由于格式塔与刺激形式同型，格式塔可以经历广泛改变而不失其本身的特性。例如，听一个唱歌跑调的人唱歌，我们通过转换，仍能知觉到他在唱什么曲子；一个门虽然在远处看极小，但我们一般也坚信自己能穿过它。其中，视觉恒常性是指物体的物理特性（大小、形状、颜色等）受到环境的影响而看起来发生了改变，但我们对物体的知觉经验却保持其固有的特征而不随之变化。一辆汽车从距离我们 200 米处行驶到 100 米处，其视觉像素将增加一倍。但我们的知觉告诉我们，它在远处并不比其在近处小。恒常性使我们在这个外观变化复杂的世界中不至于混乱，使我们能有一种精确的、有组织的方式来认识世界。恒常性是通过人的记忆和经验来取得的。当经验给了我们某方面的恒常性，我们就会在知觉中保持这种对物的认知。

知觉的恒常性帮助人脑简化复杂的信息输入，节省大量的能量。但有时，恒常性也会给我们的生活造成一些困扰。作为驾驶公交车的司机，可能很难想象城市的道路上有公交车不能通过的限高路段。司机的恒常性知觉告诉他，前面那个限高架显然不是针对公交车设置的。图 1-13 所示是发生在南宁市的一宗交通事故，公交司机错误地估计了限高架的高度，最终发生相撞的事故。这宗事故提醒我们，在进行设计时，由恒常性引发的特例情况应受到充分重视。

图 1–13　南宁交通事故，2014 年 4 月 15 日

f. 协变律。大多数格式塔知觉原则是从对静止二维图形的研究中发现的。然而，格式塔心理学家也提出了关于知觉的协变律（law of common fate）。根据协变律，一起运动的各视觉元素有被知觉为一个整体的倾向。

Johansson（1973 年）演示了这一现象（图 1-14）。他在一位身着深色服装演员的主要关节处各放置一盏灯并且拍摄其在黑暗中运动的情况。当该演员静止不动时，观察者只能看到一些毫无意义的亮点。然而，当该演员四处走动时，尽管观察者事实上看到的还是那些亮点，但却能知觉到一个运动的人体。

图 1–14　Johansson 试验图示

格式塔之惑

格式塔学说在心理学史上留有不可磨灭的痕迹。它挑战旧时权威，推动了心理学的整体发展。格式塔心理学的很多观点极大地影响了知觉领域，它使心理学家不再拘泥于构造主义的元素说，而从新的角度去研究意识经验，为后来的认知心理学埋下了伏笔。由于格式塔心理学派的研究起源于二维图形，因而其在视知觉领域取得了丰硕的成果，它的完形律及诸多亚原则为艺术、设计乃至美术史领域提供了很多理论依据。以至我们经常看到，在艺术或设计批评时，理论家言必称“格式塔原则”，但从当今心理学观点来看，格式塔心理学还有几点不严谨之处。

格式塔心理学家的研究大量依赖于被试的内省报告（introspective report）或者询问“看着图形，你看到了什么”这样的方法。这显然缺乏对变量的适当控制，致使非数量化的实证资料大量出现，而这些实证资料是不适于做统计分析的。固然，格式塔的许多研究是探索性的和预期的，对某一领域内的新课题进行定性分析，确实便于操作。

实际上定量分析更能使研究结果具有说服力。其实即便是在考夫卡的时代背景下，研究人员已经可以完成科学严谨的试验设计，只是或许，格式塔心理学家没能在心理试验的设计上做到尽善尽美。Pomerantz（1981 年）报告了更令人信服的视知觉证据。他向被试对象呈现包含四个视觉元素的阵列，要求它们迅速判断哪一个与另外三个不同。当阵列简单但不容易组织在一起时，被试完成任务的平均时间是 1.9 秒。然而当阵列更复杂但容易组织在一起时，被试完成任务的时间只有 0.75 秒。人在完成组织任务中的这种积极效应被称为构形优势效应（configural superiority effect）。而我们也容易发现，这种完形优势效应即是格式塔完形律的体现，但 Pomerantz 的试验设计显然更加科学合理。

格式塔心理学家有对人的知觉的判断，那就是，他们假定观察者无需相关的知觉学习就能运用各种知觉组合律。比如，格式塔心理学家认为新生婴儿不需要学习就能使用各种知觉组织原则。然而，Spelke 等（1993 年）报告了相反的结果。他们分别向 3 个月、5 个月和 9 个月大的婴儿以及成人呈现简单但不常见的画面（图 1-15）。每一画面可以被知觉为一个物体或者两个结合在一起的物体。成人通常会运用连续性、形状以及颜色和纹理相似性等格式塔原则来完成任务。相反，几乎所有婴儿会把绝大多数画面看成一个图形。婴儿运用接近律而基本上忽视其他格式塔知觉原则。因此，婴儿还是需要一定的学习经验才能运用绝大多数知觉组织原则。

图 1–15　Spelke 试验所用图

心脑同形的错误

格式塔心理学家关于知觉的神经生理学基础的观点最终也被否定了。格式塔心理学家试图根据心脑同形观（isomorphism）来解释这些知觉原则。按照这种心脑同形观，视觉组织经验与大脑中的某一过程严格对应。当我们观察环境时，格式塔心理学家假定大脑中存在一种电场（electrical field forces），以帮助产生相对稳定的知觉组织经验。不幸的是，格式塔心理学家的虚拟生理学解释并没有得到学术界的承认。Lashley，Chow 和 Semmes（1951 年）关于两只黑猩猩的研究就很好地驳斥了这种观点。他们在其中一只黑猩猩的视觉皮质中安放了四个金箔电极并在另一只的大脑皮质上垂直插上 23 根金针。Lashley 等相信，他们对黑猩猩所做的这些不愉快处理将严重干扰任何电场。事实是，两只黑猩猩的知觉能力几乎没有受到损害。这一结果提示电场的设想几乎或者说完全没有意义。任何一种心理现象均有其物质基础，即便遭格式塔拒斥的构造主义和行为主义也都十分强调这一点，而格式塔理论恰恰忽略了这一点，这就使它的许多假设不能深究。

格式塔理论中的许多概念和术语过于含糊，它们没有被十分严格地界定出来。有些概念和术语，例如组织、自我和行为环境的关系等，只能意会，不可言传，缺乏明确的科学含义。格式塔心理学家曾批评行为主义，说行为主义在否定意识存在时用反应来替代知觉，用反射弧来替代联结。其实，由于这些替代的概念十分含糊，结果换汤不换药，反而证明意识的存在。有些心理家指出，由于格式塔理论中的一些概念和术语也十分含糊，因此用这样的概念和术语去拒斥元素主义，似乎缺乏力度，甚至使人觉得束捆假设是有道理的。

如前面分析的一些设计案例，格式塔原则在设计上的应用非常广泛，或者说，很多作品可以通过格式塔来加以说明。但我们也应明白，对于没有生理学基础的心理学说，还是应该投以审慎的目光。在当今认知心理学的大背景下，生理学、神经科学与心理学交互发展，人脑密码逐渐被科学破译。我们也应站在一个新的角度去观察设计的心事。

被成像的世界

我们无时无刻不在观摩世界、品味生活。我们对视觉非常熟悉，以至需要放开想象、触发小小灵感时才能意识到还有许多问题要去思考和解决。让我们想想这个问题:我们的眼睛接受的是一些细小的、上下颠倒的、被歪曲了的形象；我们在周遭的空间中看到一些彼此分离的物体；我们被无色日光环绕，却感受到斑斓万物。世界在我们的眼中成像，根据视网膜上的刺激模式，我们知觉到了万事万物。这简直可以说是一种奇迹。

人们常常把眼睛比作一部照相机。但眼睛、大脑同仅把物体转化为映像的照相机和电视摄影机是十分不同的。来自眼睛的信息怎样编码为神经的词汇和大脑的语言，并且重新构成周围物体的经验呢？这里有一种我们应该避免、但却很有诱惑力的说法：眼睛在大脑中产生了一些图画！这种说法假定，有某种内部的眼睛去看这张画，并且再要有一只眼睛去看由内部眼睛看到的图画。如此反复进行,以至无穷。然而这是不合理的。眼睛的作用就是将编码成神经活动(一系列电冲脉)的信息送进大脑,这些神经活动借助于神经密码和大脑活动的模式，表征着外界物体。我们可以用书本的文字来模拟，这页书上的汉字对懂得这种语言的人来说，有某种意义。这些意义适当地影响到读者的头脑，不过它们并不是什么图画。当我们注视某物时，神经活动的模式表征了该物体，达到大脑的也是该物体的信息，根本没有什么内部的图画。

在视知觉原则阐释的初期，格式塔心理学被认为是解决问题的典范。格式塔心理学家们的确认为大脑内部有一些图画，他们根据大脑电场的变更来解释知觉，这些电场被复制、被知觉为物体的形状。这种以同形论命名的学说对知觉问题产生了不幸的影响。他们一直假定这些假想中的脑场具有某些属性，用它“解释”视觉变形和其他现象。但是，要想假定正好具有这些属性的东西是非常容易的。现在没有任何独立证据可以说明脑场的存在，也没有任何独立的方法可以发现它们的属性。既无脑场的证据，又无发现它们属性的方法，那

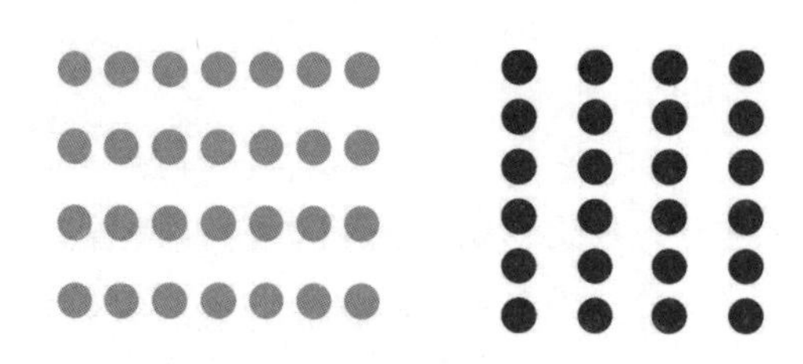

图 1–16　矩阵点图

么它们就极为可疑了。我们应该注意到，真正有用的解释应该是可以观察到的，并且是应该有生理学基础的。

然而格式塔心理学家们的确指出了若干重要的现象。他们也清楚地看到，视网膜刺激下形成的图像怎样引起对物体的知觉是一个棘手的问题。他们特别强调知觉系统具有将事物组合成简单单元的倾向。这种看法可以用矩阵点图来说明（图 1-16），图内的点子距离实际上相等。尽管它们彼此分离，人们仍倾向于把它们看成（知觉成）横行和竖列。由于这个例子包含了知觉的主要问题，因此值得深思。我们自己就能看到这种将感觉数据组合成物体的倾向。如果头脑不是连续地处理外部物体，那么漫画家就有麻烦了。事实上，漫画家简单勾勒的线条，在我们看来就形成了蕴含丰富内容的图像。眼睛所需要的就只是这几条线，其余都是由大脑完成的，包括寻找物体并发现它们。有时我们能看到不存在的东西，如火中的面孔、云中的动物、月球上的人等，都是因为大脑在有“意义”地对外部物体进行处理。

图 1-17 是一张漫画。它使上述论点变得更清楚了。画面上是否只是一些无意义的线条呢？不是。它是爸爸和儿子在盖着被子睡觉。现在再看一遍：这些线条都起了巧妙的变化，几乎都联结起来了，它们代表了有关的物体。

当我们观察物体时，会产生许多信息来源。这些信息来源远超出了我们注视一个物体时眼睛这一器官所接受的信息。它通常包括由过去经验所产生的对物体的知识。这种经验不限于视觉，可能还包括其他感觉，例如触觉、味觉、嗅觉，或者还有温度觉或痛觉。物体不限于刺激的模式，物体具有它的过去和将来。当我们知道它的过去，或者能够推测它的未来时，物体就超越了经验的范围，而成为知识和期待的化身。没有这种知识和期待，要进行任何稍微复杂一些的生活都是不可能的。

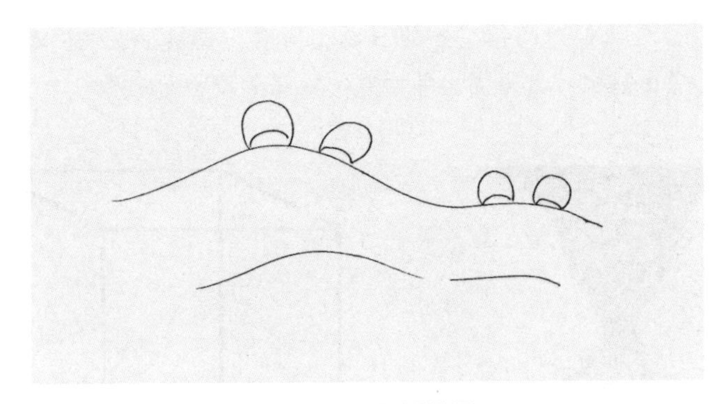

图 1–17　父子漫画

虽然我们这里研究的是人们怎样看设计作品的，但思索一下产生知觉的感觉过程（例如有哪些过程，它们是怎样工作的，什么时候它们又完全不起作用）仍然很重要。正因为理解了这些过程，我们才能理解我们是怎样知觉物体的。

大家都熟悉许多所谓的“两歧图形”。这些图形非常清楚地说明了作用于眼睛的同一刺激模式怎样才能产生不同的知觉，同时也说明对物体的知觉怎样超出了感觉的范围。最常见的两歧图形有两种：一种是图形交替地成为“物体”或“背景”，另一种是图形自发地改变它们的深度位置。图 1-18 中的图形交替地成为图形和背景：有时看黑色部分像一个圣杯，白色部分只是中性的背景；有时看黑色部分没有意义，而周围的白色部分则突出起来，看上去像是两个人的侧脸。著名的 Necker 立方体（图 1-19）代表了在深度方面交替变化的图形。如果观察一会儿，你会发现正方体的正面会忽远忽近地变化着，它就从一个位置突然跳到另一个位置。知觉不是简单地被刺激模式决定的，而是对有效的数据能动地寻找最好的解释。这种数据是感觉信号，也是物体的许多其他特性的知识。经验对知觉的影响究竟有多大，在何种意义上我们必须学会如何看东西，这才是难以回答的一个问题。但很清楚的一点是,知觉超出了感觉直接给予的基础信息。这些根据依照许多背景而得到估量，在一般情况下，作出最好的假定，并且不同程度地正确识别这些事物。但是，感觉并不直接给予我们世界的图景，它们只提供证据以检验我们对周围事物的假设。的确，我们可以说，对物体的知觉是一种假设，它由感觉的数据提出并由感觉数据加以检验。

图 1–18　正负形

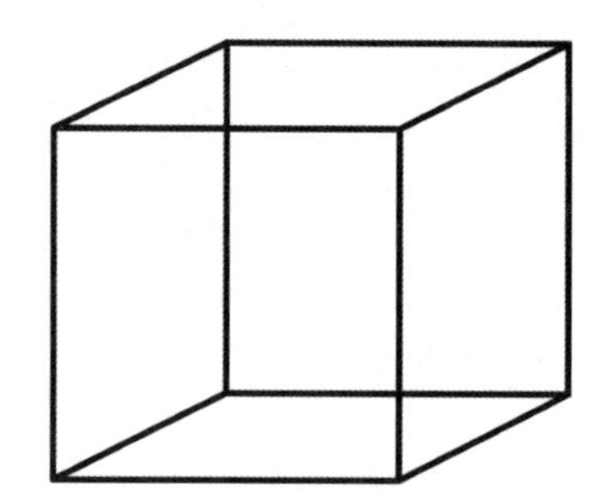
图 1–19　Necker 立方体

考夫卡曾经讲过一个经典的故事来说明感觉世界与知觉世界的不同：一个冬天的晚上，在暴风雪中有一个人骑着马来到一个旅店，暗自庆幸经过几个小时的奔驰，骑过冰天雪地的平原，居然能够找到一个暂时安身的地方。旅店主人开门迎接他，惊问客从何方来。他遥指他所来的方向，旅店主人用惊讶的语调说："你不知道你已经骑过了康士坦丁湖了吗？"客人听他一说，就晕倒在他的脚下。骑马人显然没有意识到自己在不经意间穿越了浩瀚的康士坦丁湖，他被自己这个"鲁莽"的举动吓晕了。这个故事告诉我们，相对于物理环境，人的行为更受制于他在认知上所接受的行为环境。事实是，不在于他经历了什么，而在于他认为自己经历了什么。

Necker 立方体图形，没有提供任何线索以说明两种可能的假设中哪一种是正确的。在这里，知觉系统先是接受了一种假设，然后再接受另外的一种假设。由于没有最好的答案，知觉系统就永远没有一个结论。有时眼睛和头脑得出错误的结论，使我们产生幻觉或错觉。当一种知觉假设发生错误时，我们就会出现错误的印象。正如一种错误的理论使我们看到一个被歪曲的世界，使我们在科学上误入歧途一样。

第二章　眼中的秘密

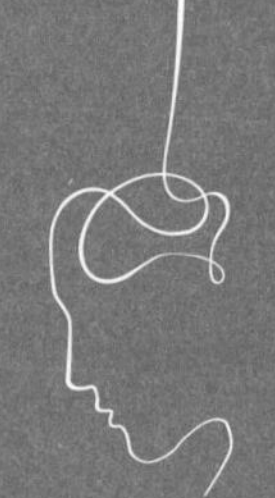

在我们这片神奇的土地上,几乎所有生物都对光敏感。植物需要光才能生长,它们中的有些甚至能随太阳转动,好像花儿有眼睛能看见太阳一样。动物们可以利用光、阴影和映像以避开危险和寻找食物。

眼睛是我们感受光的器官。最初出现的简单的眼睛只对光及光强的变化有反应。眼睛与能处理来自视网膜映像信息的大脑同步发展后,才产生了形状知觉和色彩知觉。

眼睛是怎样发展起来的,这一问题对达尔文的自然选择的进化理论提出了重要的挑战。数学家乌拉姆(D. S. Ulam)提出眼睛进化不可能由累计的小突变(mutation)而来,因为按他的数学计算,宇宙时间不足使突变发生。在数学的原理下,生命不可能由自我盲目组合而成。

当我们设计一种新的产品时,可以制作许多完全无用的原型,而自然选择不可能是这样,因为自然选择的每一步都要给它的所有者提供某些好处,如此,这些特征才能被保留以至流传下去。对于眼睛来说,如果没有对应的神经系统来解释器官获得的信息,那么一种半成品的水晶体就没有什么作用了。在眼睛这种水晶体能够为视神经系统提供信息之前,视神经系统是怎样产生的?在一个结构没有作用时,它是被机体抛弃,还是静静地等待配合它功能的其他“兄弟”的到来?这些预先形成的结构看来无用,而当另外一些结构充分发展时,它们将会有重要的意义。经过这种缓慢而痛苦的尝试,人的眼睛和大脑还是“出现”了。

脑比星星更复杂

脑比天上的繁星更为复杂，也更神秘。认知心理学家将人类大脑与计算机做类比，这真是太高看计算机了。在古代埃及和美索不达米亚时期，人们都把脑看成一个不重要的器官，思想和情绪被归结为胃、肝和胆囊的活动。想想也是，人在胃疼的时候，情绪确实易低落到极点。在中国古代，先贤所谓“心主神明”，脑作为“髓海”，它不过是隶属于五脏的“奇恒之腑”。

作为思绪的高台，大脑在控制、言语、思考、记忆、感情方面处于支配地位。从外部看，人脑是一个粉红色的物体，大小约为握紧的两个拳头。

研究大脑最直接的方法，可能是考察它的结构，刺激并记录它的结果。但是，正像电子设备一样，要想从结构了解它是怎样工作的，绝不是一件容易的事情。在没有一般理论模型的情况下，窥探、记录和拆除某些零件还是难以解释它是怎样工作的。不管是在行为心理学层面，我们为了确定刺激 - 反应的行为结果，还是在偶然的医学案例中的病患大脑切除手术后的行为改变差异结果，都是在进行关于大脑的联合行为实验。这些实验发现会帮助我们在生理基础上了解我们的脑。

了解大脑功能的困难之一，是它简直像一锅稀粥一样。对机械系统来说，通常有可能根据它零件的结构较好地猜测它的功能。这种情况也适用于身体的许多方面。四肢的骨骼被看成是一些杠杆，肌肉附着的部位明显地决定着它们的功能。

机械系统和光学系统具有各种零件，它们的形状与它们的功能有密切关系。也即“形式追随功能”。这样就有可能从它们的形状推导或猜测它们的功能。开普勒在十七世纪就猜测，眼睛里的一种结构，从它的形状看，可能就是一个透镜。不幸的是大脑提出了更为困难的问题，因为它的部件的实际排列及其形状对它的功能来说，是不那么重要的。如果功能并不反映在结构中，那么我们就不能依靠简单的观察来推论出功能。我们也许有必要发明一种虚构的大脑，或许有必要发明或建造一部机器，或者编制一套计算机程序，它的操作就和生物系统的操作完全一样。总之，我们必须借助模拟进行解释。但模拟从来就不是完美无缺的。到现在为止,我们还没有一部机器研究了正在思维或观看东西时的头脑，我们还没有发明任何适当的东西。

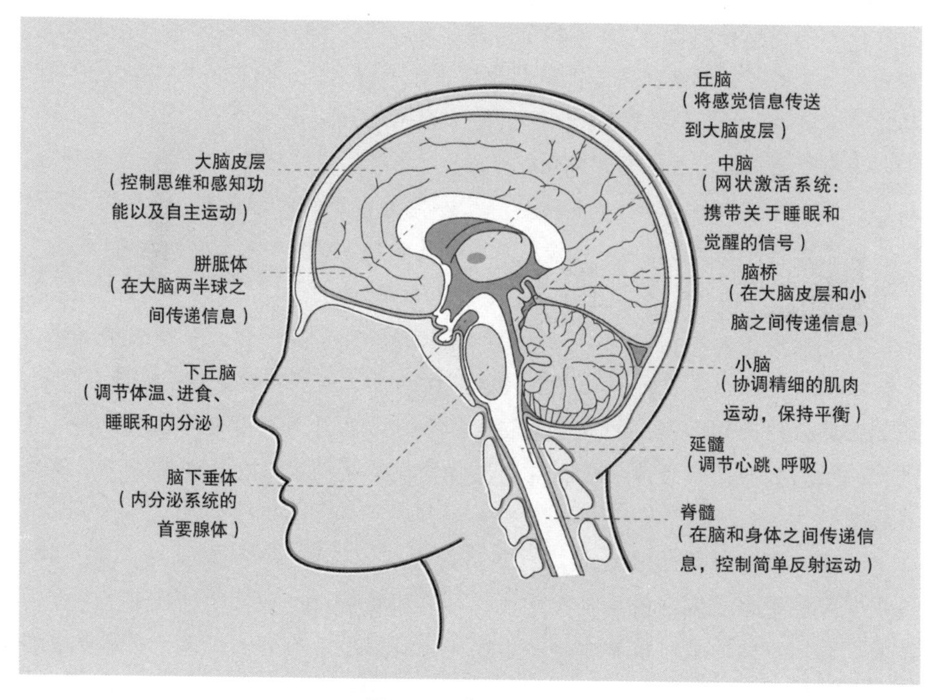

图 2–1　大脑结构图

透明的镜子

负责视觉的神经系统是从视网膜开始的。它就像是一面透明的镜子，将世界映射到我们的内心里。视网膜包含了典型的脑细胞以及特殊的感光觉察器。视网膜按功能从中间被一分为二（图 2-2）：来自内侧（鼻侧）的视神经在视交叉处交叉到对方，而来自外侧的纤维不交叉。尽管眼睛存在光学颠倒现象，视觉的表征（representation）仍和大脑的触觉表征相对应。因此，触觉与视觉关系很密切。大脑视区从它的外表看，由于结构特殊，在断面上有白色细纹，故又称为纹状区。它的细胞是分层排列的。大脑作为一个整体从中间分开，形成两个半球。它们实际上是各自相对完整的大脑，中间靠着大量胼胝体和较小的视交

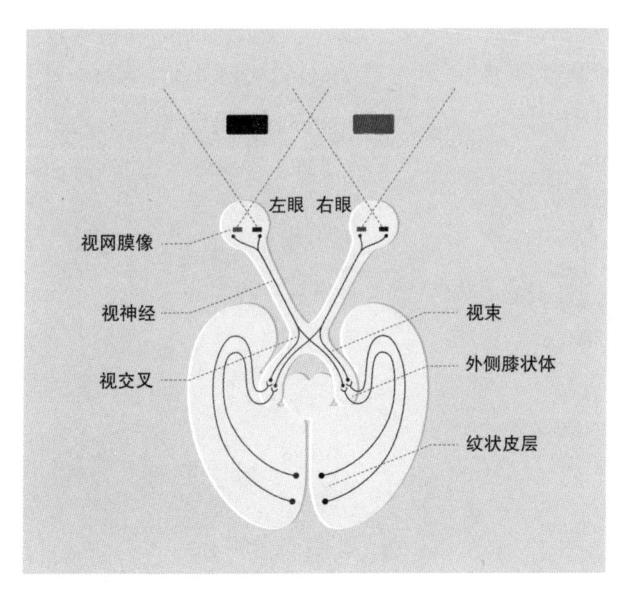

图 2-2　大脑的视觉通路图。视神经在视交叉处分开。每个视网膜的右半部通向枕叶皮层的右侧，左半部通向枕叶皮层的左侧。外侧膝状体是在眼睛和视皮层之间的转换站

叉联结。在从视交叉通往大脑的中途，视神经束通过位于每个半球的一个叫做外侧膝状体的转换站。外侧膝状体是视觉通路上的转换站，它接受来自同侧颞侧和对侧鼻侧视网膜的传入纤维，它的投射纤维能延伸至视皮层。简单说，这个感觉中继核群就是将人体特定的视觉冲动传向大脑皮层特定区域，具有点对点的投射关系，从而产生特定的视觉。

纹状区有时也叫“视觉投射区”。当它的一个细小部位受到刺激时，病人会报告说看到了闪光。略微改变一下刺激电极的位置，那么就在视野的另一部分看到闪光。因此，视网膜在视皮层上似乎存在一种空间的代表物。刺激纹状区的临近区域也会产生视觉，但这次不是闪光，而是更精细的感觉。比如说在遥远的、无边无际的天空，看到漂浮着一些五彩缤纷的、光耀夺目的气球。离纹状区再远一点，刺激作用可能引起视觉记忆，甚至在眼前出现一幅生动的、完整的景色。

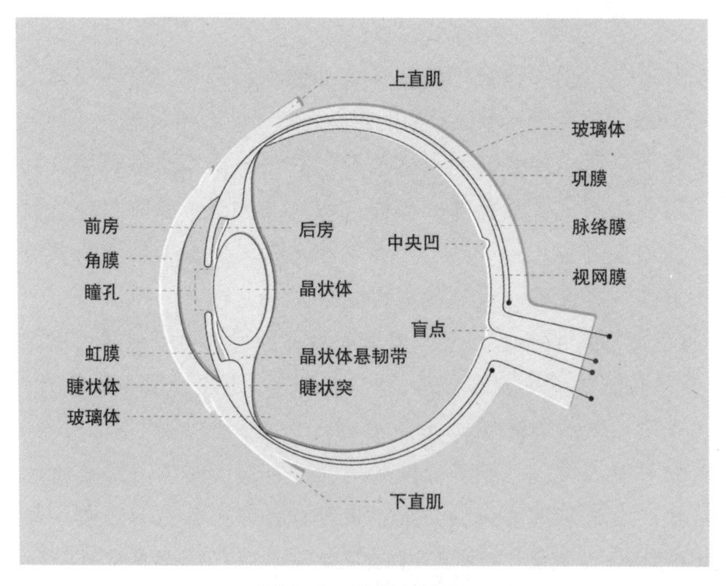

图 2-3　眼球结构图

后来，人们发现存在第二级投射区——上丘（superior colliculus）。它将传入信息进行整合，并产生较粗略的筹划，以提供移动眼睛的指令信号。眼睛的每个部分都是一种极其专业化的结构。眼睛作为一种“光学仪器”，它的完美无缺证明了视觉在生存竞争中的重要性。

我们经常听到关于更换眼角膜的手术案例，那是因为角膜是没有血液供应的，它不需要血管提供给养，而是透过泪液及房水获取养分及氧气。正因为如此，角膜实际上是和身体的其他部分分割开来的。在更换角膜的手术后，抗体也不会进入和破坏被移植的角膜，这也和其他的身体组织很不相同。角膜位于眼球前壁，略向前凸，为透明的横椭圆形组织。成年男性角膜横径平均值为11.04mm，女性为10.05mm，竖径平均值男性为10.13mm，女性为10.08mm，3岁以上儿童的角膜直径已接近成人了。

人到中年会有许多事情发生。天空给了我们阳光，也送来乌云。而让世界暗淡模糊的不只有乌云，还有我们日益老化的晶状体。我们眼球中的晶状体是从中心部位发展起来的，在人的一生中，细胞在增加，而生长的速度会逐渐下降。因此，晶状体的中心是其最古老的部位。这个部位的细胞越来越脱离提供氧气和营养物质的血液系统，从而导致了死亡。晶状体由于细胞死亡而变硬，难以改变形状来适应不同的距离要求了，这样就引起了“老花”现象。随着年龄的增长，晶状体调节作用是一直下降的，这样的量变在我们四十岁左右引起了质变，隐性的远视变为显性。

神秘的视网膜

网膜的“网”，是从视网膜血管的样子由来的。视网膜就像一架照相机里的感光底片，专门负责感光成像。当我们看东西时，物体的影像通过屈光系统，落在视网膜上。视网膜是一层透明薄膜，因脉络膜和色素上皮细胞的关系，使眼底呈均匀的橘红色。视信息在视网膜上形成视觉神经冲动，沿视路将视信息传递到视中枢形成视觉，这样在我们的头脑中建立起图像。

视网膜本质上是一片薄薄的、相互联系着的神经细胞，它包括感光的视杆细胞和视锥细胞。这些细胞把光转化为神经脉冲——神经系统的语言。作为感光细胞的视杆细胞和视锥细胞，它们是按照在显微镜下看到的样子命名的。在视网膜的边缘区，它们能明显加以区别，而在视网膜中心区域——黄斑中央凹，这些感受器十分紧密地挤在一起，需要细心地辨别。其实，在中央凹，是没有视杆细胞的，全部都是头部尖尖的锥体细胞，虽说由于紧密排列，它们看上去都像杆体。

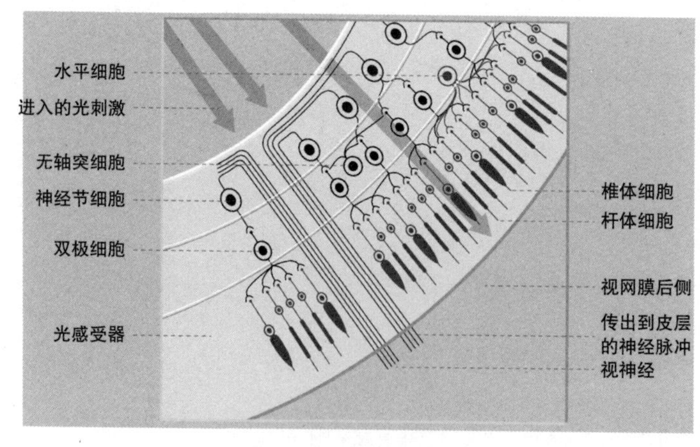

图 2-4　视觉细胞结构图

在日光中，视锥细胞起作用，产生颜色视觉。在低照明条件下，视杆细胞起作用，产生一系列灰色的视觉。有趣的是，虽然在中央凹布满了起作用的视锥细胞，它引起了最好的细节视觉和颜色视觉，但是在昏暗环境下它比原始的杆体区域感受性要差。

有光了，我却什么都看不见

当一个人说："天太亮，太刺眼了。"听到这句话时，我们知道他可能需要一副偏光镜了。他体验到一种眩晕的感觉,这种感觉只是与进入眼内的光强度有关。

有光了,我却可能什么都看不见。光是产生明度的必备条件,明度(Lightness)是眼睛对光源和物体表面的明暗程度的感觉，主要是由光线强弱决定的一种视觉经验。明度是最简单的视觉。明度不只是光的强度照射视网膜的结果。由一定强度产生的明度既依赖于物体反射的各种复杂条件，也依赖于眼睛的适应状态。换句话说，明度不仅随着某一时刻落在视网膜一定区域光线的强度的变化而变化，而且也随视网膜刚刚接受的光强和落在视网膜其他区域的光强的变化而变化。

如果眼睛在弱光中停留一些时候，那么它的感受性就会提高，这些微弱的光会显得更明亮些。这种"暗适应"现象在最初几秒钟内迅速发展，随后就缓慢了下来。在黑暗的地方，人眼睛中的视锥细胞处于不工作状态，这时只有杆状感光细胞在起作用。在杆体细胞中有一种叫视紫红质的物质，它对弱光敏感，在暗处它可以逐渐合成。据眼科专家统计，在暗处5分钟内就可以生成60%的视紫红质，约30分钟即可生成全部。因此在暗的地方待的时间越长，则对弱光的敏感度也就越高。我们长时间在黑暗环境中停留，眼球完成了暗适应过程，这时进入明亮处时，最初会感到一片耀眼的光亮，而不能看清物体。我们只有等待一段时间才能恢复视觉，这称为"明适应"。从暗处到亮处，眼睛进入强光的刺激，杆体细胞在暗处蓄积了大量的视紫红质，进入亮处遇到强光时迅速分解，因而产生耀眼的光感。只有在较多的视杆色素迅速分解之后，对光较不敏感的视锥色素才能在亮处感光而恢复视觉。所以我们会觉得光线刺眼，周围的景物无法看清。但在很短的时间内，锥体细胞都投入了工作，眼对光的敏感度降低，这时对强光能够适应，看物体也很正常。锥体细胞感光色素再生很快，其再生过程同杆体细胞的暗适应过程相反，即其敏感性随着曝光时间的增加而降低，因此明适应在最初的数秒钟内敏感度迅速降低，此后变慢，明适应的过程在几秒钟内即可完成。

图 2–5　隧道入口照明设计

暗适应这种现象在汽车进入隧道时尤其明显。当汽车驾驶员白天进入隧道时，隧道的灯光条件没有外面明亮，从而使驾驶员在隧道口发生暗适应状况。交通法规虽然规定在进入隧道后车辆必须开启近光灯，但实际上，很多驾驶员并没有这样做。在刚进入隧道时，驾驶员不仅在视觉上，还要在心理上有一定的适应过程，这就要求隧道内的亮度与隧道外的自然光亮度之间有一个良好的过渡和衔接。良好设计的隧道照明一般在入口处会有双倍亮度照明设备，经过百米后再改为单倍照明（图 2-5）。出口处也是如此，为方便人眼的明适应过程而提供一段双倍强度的照明路段。如果隧道内灯光设计不合理，车辆在出入隧道时就会发生危险。下图就是因为隧道里的灯光照明不足，在隧道出口没有提供双倍照明，而造成的驾驶员明适应过程过短，不幸就此发生（图 2-6）。

图 2–6　隧道出口处车祸

类似的明适应和暗适应过程，在家居照明设计上也有体现。我们晚间准备睡觉时，关灯后会体验到暗适应过程，由明亮忽然到黑暗的环境，这个体验大多是糟糕的。现在的LED光源有些有缓灭功能，这样关灯后就可以在逐渐变暗的卧室完成暗适应，步入梦乡。而由于杆体细胞5分钟内就可以生成60%的视紫红质，这个缓灭功能的时间安排，则在5分钟左右较为合适。

第三章　随心赋彩

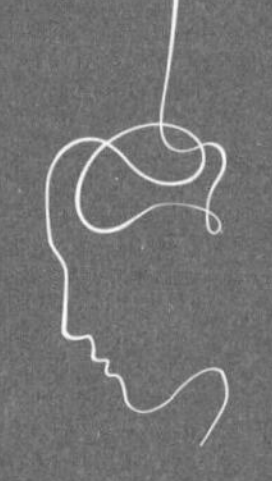

对于年轻人来说，无论在任何时候起床都是一件极其痛苦的事。我们赖在床上，紧闭双眼。如果在这时，有人要拉开卧室的窗帘，我们会恨不得跟那个人拼命。似乎光的进入，会刺激我们的眼睛，使得大脑开始活跃，我们便不能完全沉浸在美梦中了。事实也确实如此：我们的眼球内，密集分布着1.3亿感受光子的细胞。这些细胞分为两类：视杆细胞和视锥细胞。视杆细胞数量达1.2亿个，其中的视紫红质对光极其敏感，往往一个光子就可以激活它。所以我们睡懒觉的时候，不能让光进入房间，因为视杆细胞会迅速地兴奋，将信息传递到视神经中枢，进而影响睡眠。另外一类视锥细胞的圆锥形头部，覆盖有层叠的膜，膜中嵌有敏感的感光色素，因此，视锥细胞主要负责区分物体在光照下的色彩。视杆和视锥两种细胞是根据它们在显微镜下的形态命名的。顾名思义，“杆”是指形态为杆状的细胞，又称为棒体细胞，而“锥”即形态呈现锥状的细胞。它们在显微镜下的形态就像海里生长的水草，密集而又充满活力。

诗人总是眷恋夜晚的朦胧。唐代诗人白居易就在“浔阳江头夜送客”时，用“醉不成欢惨将别，别时茫茫江浸月”来描写当时眼睛所见之景。多情的诗人用景物的“茫茫”衬托出全诗的“琵琶”主题。但白居易怎么也不会明白，自己为什么看到的是茫茫夜色。其实，夜晚时白居易的眼球中，只有视杆细胞在兴奋，而视锥细胞却毫无用武之地了。如果白居易在浔阳江头多站一会儿，他或许能够分辨出一些景物，而不只是“江浸月”那一幕了。这就是我们平常所说的暗适应现象。其原理便是在较暗的环境中，我们眼球内的视杆细胞会迅速地合成视紫红质，以用来区分物体。而视紫红质是由人体的维生素A转化而来。但如果我们缺乏维生素A，就会患上所谓的夜盲症。不过，夜盲症并不可怕，因为只要吃些补充维生素A的食物便可得到改善，比如猪肝、胡萝卜、蜂蜜等。维生素A合成视紫红质的速度非常快，甚至超过硬盘的读写速度。因此，一些敏锐的发明家还准备将视紫红质变成下一代的数据存储材料。

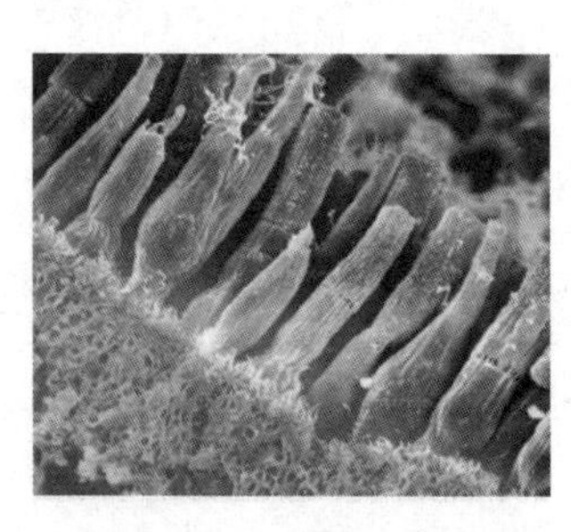

图3-1　视觉细胞显微图

视锥细胞对光的反映方式较视杆细胞复杂很多。

毕竟，光因波长不同而使物体呈现出斑斓的色彩，而要一一区分，并非易事。然而，就像希腊神话中的美惠三女神（图 3-2）分别代表着妩媚、优雅和美丽一样，我们眼球中的视锥细胞分别掌握红色、绿色以及蓝色三种不同种类的色彩。它们各司其职，以确保我们的眼睛尽可能地分辨较多的颜色，识别更为广阔的色域。其中，能识别较长波长的细胞被简称为 L（long）细胞，它们对 563nm 左右的红光敏感；对中波长敏感的细胞叫 M（middle）细胞，它们对 535nm 左右的蓝绿光敏感；而对短波长敏感的视锥细胞叫 S（short）细胞，它们对 420nm 左右的蓝紫光灵敏非凡（图 3-3）。具体说来，当我们看到蓝紫光时，眼球中的 S 细胞最兴奋，M 细胞其次，而 L 细胞最不兴奋。由此，我们大脑的视觉中枢能瞬间判断出所见光线的波长，从而认定应是紫色光。视锥细胞这种对颜色的反应，还有另外一个费解的名称，叫“拮抗”。不过，遗憾的是，我们的视锥细胞并不能接受混色光的挑战，比如当红色光和少量绿光进入我们的眼睛时，还是 L 视锥细胞最兴奋。

图 3–2 美惠三女神，大理石雕塑，现陈列于卢浮宫博物馆

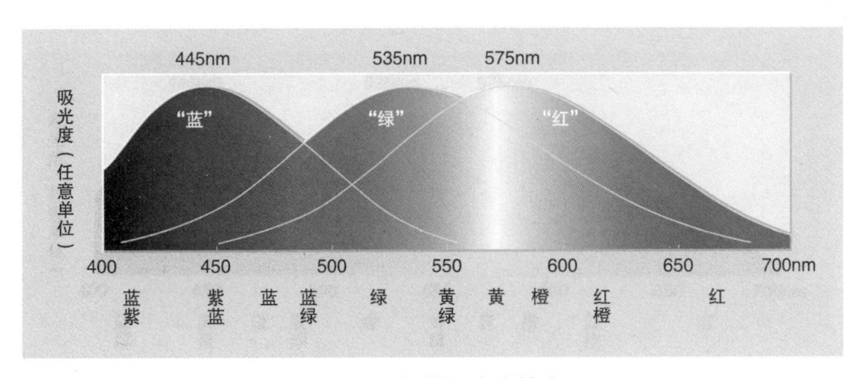

图 3–3 视锥细胞光敏度

试想一下，当我们站在一幅色彩斑斓的印象派画作前面时，眼中的三种不同视锥细胞同时兴奋，当众多刺激信息传输到大脑的视神经中枢时，大脑也变得激动。整个过程，足以使一幅印象派作品在拍卖会上脱颖而出，赢得众多藏家的青睐，从而卖出不菲的价钱。当然，像莫奈那样的印象派画家们也并不清楚为什么丰富多彩的颜料，具有如此大的吸引力。实际上，在所有哺乳动物中，只有人类拥有三种不同的视锥细胞，而其他哺乳动物则只有两种。最不可思议的是，世界上拥有最多视锥细胞种类的是我们爱吃的皮皮虾，它的视锥细胞达12种之多。可想而知，皮皮虾的世界远比我们要斑斓多彩。

图 3–4　莫奈·亚嘉杜的罂粟花田，帆布油画，1873 年创作

颜色“三姐妹”

说到这里，我们可能会联想到所谓光的三原色。对应起来，其实视觉上光的三原色正是三种不同视锥细胞的作用结果。视觉的三原色应是红、黄绿、蓝紫。可是这三种颜色为什么跟艺术家所谓的三原色并不完全相同呢？我们知道，艺术家常说的三原色指的是红、黄、蓝。其实，因为我们所见的颜色是颜料对光发生反射后的颜色，因此，颜料本身的三原色应是视觉三原色的补色，即青、红、黄。而艺术家用红、黄、蓝作为三原色，只是为了增加色域的广度，使得作品的颜色更加丰富。正常人的视锥细胞往往只能判断三种不同的颜色以及混合色，超出了正常视觉色域的范围，便是一些对色彩更为敏感的人，这些人又往往是艺术家。这大概就是学习艺术的人所要求的色彩天赋了。

有趣的是，凡是夜间出没的动物，都有着非常丰富的视杆细胞和缺乏的视锥细胞，因此变成色盲。但另外一些动物只有视锥细胞而没有视杆细胞，虽然它们能够分辨颜色，但并不能在晚间觉察到微弱的光。比如鸡就是这样的动物。在夜黑风高的夜晚，偷鸡贼可以拿根树枝，把鸡抱上去，直接端走就行，因为那时的鸡什么都看不见，它们毫不知情。这就是偷鸡贼的成功秘诀！因此，我们人类既有感受光的视杆细胞，又有判断光颜色的视锥细胞，既确保了行动的安全，又能进行多样的视觉活动。一般情况下，当可见光进入我们眼中的时候，会有四种细胞发生兴奋：视杆细胞产生光照强度的兴奋，三种视锥细胞产生光照波长范围的兴奋。视锥细胞数量较少，只有700万个，但为了更好地辨别物体的颜色，它们主要集中在视网膜中央一个叫做“黄斑”的地方，离开黄斑中央凹的密度则巨幅下降。视锥细胞主要负责精确捕捉视像信息，每当我们想辨别某一物体时，眼球常常会不自觉地转动，以确保让光线能聚焦到这里。我们想看清什么，就会将黄斑区朝向它，可以说这是人的本能。但有时，这个本能却事与愿违。夜晚间观星，你可能有这样的经历：感觉一个星在余光中闪现，但想看清它而转向它时，它消失不见。这是因为视网膜周围分布的视杆细胞捕捉到了这颗星的微光，当将黄斑区朝向它，以求用视锥细胞细细品味时，不巧，黄斑区的视锥细胞并不能在微光中工作。因而，观星爱好者懂得眯起眼，用余光来捕捉微弱的五等星和六等星。

在黄斑区域是没有视杆细胞的。分布在视网膜其他区域的视杆细胞对光敏感但不能分辨颜色。光线较少的时候，由于视锥细胞不起作用，我们就不能看出物体的颜色。我们可以尝试用眼睛的余光判断事物的颜色，明明是红色的窗帘，这时却可能会在余光中给人黄色的印象。如果我们的想象力够丰富，就会发现我们眼球内的 1.3 亿视觉细胞，简直就像一个活跃的细胞王国。在这里，它们各司其职，分管着对外界环境的不同视觉“业务”。

在没有显微镜观察到视杆细胞和视锥细胞的年代，人们关于眼睛对色彩的认知，仍然处于假说和推测阶段。其中最有代表性的说法，便是杨格——赫尔姆霍兹理论。他们通过一些简单的实验隐约发现，人眼有三类对颜色敏感的接收器，它们分别对红、绿、蓝三种颜色起反应，而这三个信号混合就产生所有的颜色。而这个推测与我们后来发现的三种视锥细胞的分化基本吻合。

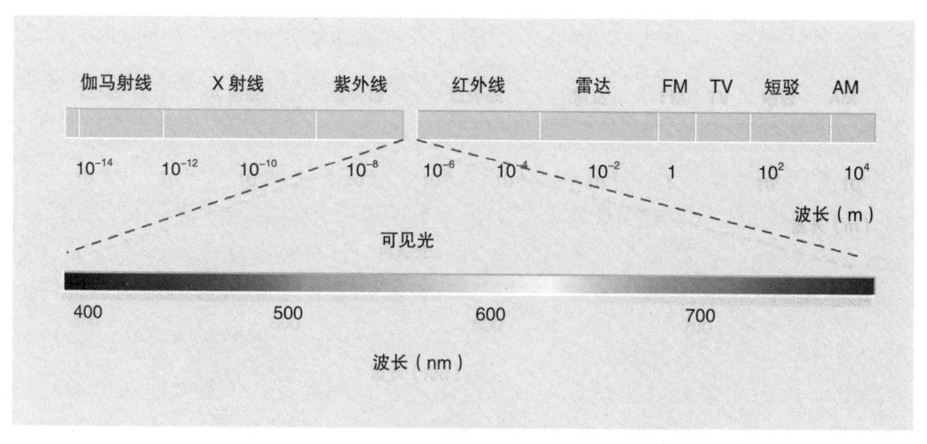

图 3–5　可见光波段

如果我们仅仅认为，色彩就是眼球内视杆细胞和视锥细胞所反应的那样简单，便低估人类作为高等动物的神奇之处了。因为，在不知不觉中，我们的视神经中枢会随着我们的经验、文化等综合因素，快速地分析视觉细胞传递给它的色彩信息，并形成我们对色彩复杂的“知觉感受”。而这些复杂的知觉感受才是我们在视觉设计中应该注意，并且经常运用的关键点。

来自太阳的光源

往往在夏日瓢泼大雨之后，天空中会出现一束美轮美奂的彩虹。千百年来，人类早已注意到这个常见又惊奇的自然现象。早在殷商时代的甲骨文中，便有关于天空中出现“虹”的记载。那时的人们通常认为它预示着不好的事情将要发生。不仅如此，众多神话中也有各种关于“虹”传奇浪漫的故事。比如中国古代代表着七种颜色的七仙女，其中最小的紫妹妹与牛郎之间的爱情故事，成为千古传诵的佳话。直到近现代，诗人在作品中仍然孜孜不倦地渲染这种自然现象的传奇色彩。毛泽东在《菩萨蛮·大柏地》中的描写是：“赤橙黄绿青蓝紫，谁持彩练当空舞？”这么多年以来，谁会想到那七色的彩虹是太阳光漫反射的结果呢？太阳光就是由多种颜色混合而成的呢？

相比之下，欧洲人总是对光的科学性更加感兴趣。1666 年，我们熟悉的英国物理学家牛顿（Isaac Newton）就做了一个具有里程碑意义的实验：他将太阳光从细缝中引入暗室，让其遇到通路上放置的棱镜，再将其投射到白色屏幕上。神奇的事情出现了：牛顿在白色屏幕上看见的却是红、橙、黄、绿、青、蓝、紫七种颜色所组成的色带。这个色带正是彩虹的颜色！当然，后来人们将光的这种现象称为光的散射（dispersion），而牛顿看到的由红到紫的色带被称为光谱（spectrum）。有趣的是，如果将各种光用棱镜聚合，那么将重新出现白光。这个实验有力地证明了太阳光本身多彩的颜色！当然，现在看来，这是一个非常简单的实验，我们只要有三棱镜，便可以自己去验证几百年前牛顿的发现。但是，人类关于色彩的研究，经历了漫长的摸索期。至今，在色觉研究领域还流传着一个讽刺的笑话：据说当年曾经有五十个专家学者开会讨论色

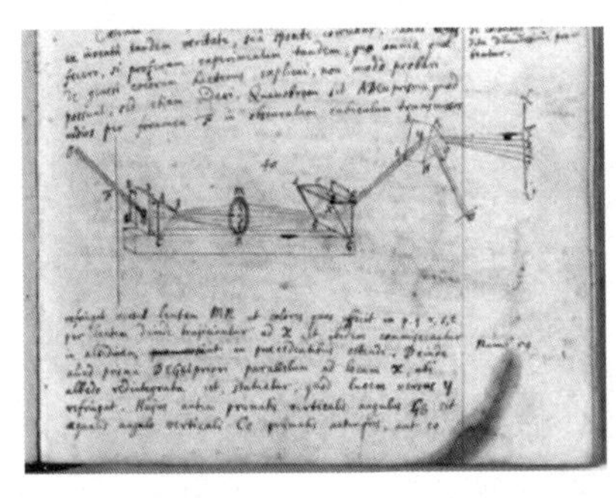

图 3–6　牛顿光学手稿

觉的问题，会议最后收获的理论多达五十一种！并且，某些理论直到今天仍未消亡！

在理性主义蔓延的十七世纪，似乎任何关于世界的认知，都只是刚刚开始，牛顿对光学的探索也是如此。他最后留在人世间的巨著，即《光学》，也标志着颜色视觉研究的开端。那些既富有想象力，又非常费力的实验都在剑桥神学院的房间中进行，而至今那里仍然存在并且供人居住。遗憾的是，也是在那里，牛顿的爱犬碰倒了桌上的蜡烛，烧掉了他的化学实验室。他的一些关于光学的珍贵手稿也毁灭殆尽。

我们人类接触到的光，除了太阳，还会有其他多种多样的光。不同的光自然也就会产生不同的颜色。比如城市迷人的夜晚，总少不了各种交织的霓虹灯。多样的色光渲染出轻松浪漫的氛围（图 3-7），让我们禁不住呼朋唤友，坐在某个角落，想起某个人的人生和自己的理想。而这一切来自夜幕中那些漂亮又鲜艳的光源，让我们看到了与白天所不一样的世界。

图 3–7　城市夜景中的鸟巢

它们本来的色彩

简单地说，固有色就是各种物体在通常的白光照射环境里呈现的颜色。《咏鹅》诗句"白毛浮绿水，红掌拨清波"中所写的"白毛"、"绿水"、"红掌"、"清波"都是鹅以及池塘中水在正常阳光下的颜色，即它们的固有色。据此我们可以推断时年七岁的小诗人骆宾王是在白天日光充足的条件下，才看到美丽的白天鹅浮于绿波之上的景象。换句话说，当日暮西山之后，我们就难以见到物体本来的颜色，那"烟笼寒水月笼沙"的时候，物之本色开始随着各种不同的光色进行变换，又有了更加迷离的效果。因此，诗人杜牧要"夜泊秦淮近酒家"了。

图 3–8　旺旺食品包装

固有色也可以理解为物体本身的色相，是物体的基本物质表征。因此在许多设计作品中，设计师往往会用物体本身的颜色来作装饰，尤其是包装设计。这样可以让我们在看到产品外表时，能快速地识别内部的物品。比如果汁的包装上如果是大片的紫色，又装饰有些许葡萄，那么我们便明白这是葡萄口味（图 3-8）。其"表里如一"的设计也会增强我们对产品本身的信任度，从视觉上让人相信那果汁确实是由葡萄鲜榨而成。

图 3–9　柠檬固有色

在日常生活中，我们也经常会听到用物体来表示色彩的说法，比如柠檬黄（图 3-9）、橙色、橄榄绿、葡萄紫以及人们调侃使用的"屎黄色"。这些物体本身的色相在 13 世纪以前的欧洲绘画中，占有无与伦比的地位。在这种被后世人们称之为坦培拉技术（Tempera）的绘画中，画家需要表现物体理性的永恒，从而体现出神性以及崇高性。画面不分主次，也不讲究虚实，颜色的使用完全不能依靠画家的感觉，而要遵从物体本身的固有色相。后来随着提香、伦勃朗、波提切利（图 3-10）等绘画大师们对绘画色彩关系的突破，油画才开始从物体的固有色体系中解放出来。甚至到了印象主义之父马奈那里，画家们几乎想要忘记物体的固有色相，而要相信自己的眼睛和知觉。正如马奈自己所说："色彩完全是一种趣味和情感问题。"

图 3–10 《春》局部 桑德罗·波提切利，木板蛋彩画，现藏于佛罗伦萨乌菲齐博物馆

为什么日出江花红胜火？

唐代诗人姚合，为了赞赏牡丹的红艳绝伦，用“绕行惊地赤，移坐觉衣红”这种近乎夸张的手法来描写。不过，我们想象诗人所在的环境，因为全是红色绚丽的牡丹花，那么它们确实可以映得“地赤”，映得“衣红”。这就是环境色在我们的视觉认知中起到的作用。由于所见的物体大多处于多种其他发光和不发光物体的环境中，我们其实很少真正看到物体本身的固有色相。“柠檬黄”的说法，往往只是我们关于柠檬的记忆。如果我们把柠檬放在姚合描述的红色牡丹丛中，会发现它同样也被“映红”了。诗人对环境色的运用，处处皆是。杨万里的“接天莲叶无穷碧，映日荷花别样红”，我们再熟悉不过了。“映日荷花”之所以会“别样红”，还是因为太阳光照下，荷花的颜色突破了其本身的固有色，而罩上了一层环境色。同样还有白居易的《忆江南》中的经典句子：“日出江花红胜火，春来江水绿如蓝”；李白的《望庐山瀑布》：“日照香炉生紫烟，遥看瀑布挂前川”；杜牧的《江南春》：“千里莺啼绿映红，水村山郭酒旗风”。如此例子，多不胜举！

设计作品中对环境色的关注，主要集中在建筑设计和服装设计领域。建筑作品往往占据环境较大的体量，其外观常常会反映出周围的环境。比如赖特在美国匹兹堡市郊区设计的流水别墅，其形式一直以来被标榜为现代自然主义建筑的重要代表。其周围茂密的植物与建筑外表的黄色露台和偏红色的砖墙形成了和谐统一的效果。随着自然界四季的变化，建筑本身也给人不一样的视觉感受：或者春意盎然，或者郁郁葱葱，亦或者萧索淡泊。而服装设计中对环境色的关注，主要体现在军装等专业用途之上。比如野战军穿的迷彩服，需要与野外环境完全协调一致，以达到最佳的隐蔽效果；而我们旅游所穿的冲锋衣外套，则需要鲜艳的颜色，与自然的环境色区别开来，以免在荒野中走失。当然，工业产品设计领域，同样需要照顾到环境色。救援工具的鲜明色彩就是为了使它在环境中突出。透明无色的玻璃材质相关的产品，需要根据其使用环境，让其最合理地反映出环境色。比如晚宴上使用的玻璃杯，因光照色彩不同，周围环境不同，往往呈现出异彩纷呈的效果。

图 3-11　救生圈

图 3-12　户外服饰

不过，环境色所指的“环境”并非我们理解的视觉环境，即光线、地理区域等那么简单。这里的“环境”还包括时代、民族等文化环境。比如在中国的传统文化中，红色和黄色显示出吉祥富贵；而日本人一般喜爱红色而少用绿色；美国人用色鲜明而少用紫色；伊斯兰教徒喜爱绿色而讨厌象征死亡的黄色。而当我们回想 18 世纪的欧洲，甜腻的粉色以及浮夸的香槟色则占据了大多数的视觉领域。从建筑的外立面到室内的桌椅板凳，再到家具陈列的各种用具，无不提示着我们在那个时代，资本的膨胀导致人们对奢靡生活的享受。

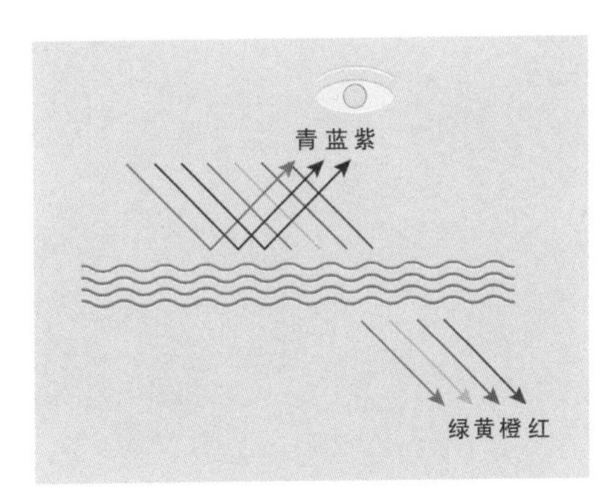

图 3-13　海水颜色成因图

值得注意的是，海水所呈现的蔚蓝色并不是环境色。我们可能会疑惑，为什么有的海水是蓝色，而有的是碧绿色，甚至还有红海、黑海、白海。

其实，海水的颜色是海水对太阳光线的吸收、反射和散射所造成的。由于蓝紫光的波长较短，一般情况下不能穿透海水，因此被海水反射，而我们人眼所见到的，便是海水反射的太阳光。但是，不同的海水，其成分不一，因此，对光的反射也并不一致。位于亚非大陆之间的红海，便是由于其中大量生长的水草，水草死后还呈现红褐色，将海水染成了红色；而黑海则一方面由多瑙河、顿河等河水注入，表层密度较小，浮于上层，另一方面，地中海中的高盐度海水，密度很大，沉于下层，导致下层大量的动植物因缺氧死亡，而使海水变黑；白海则因位于俄罗斯北部，终年严寒，冰雪茫茫，有机物的含量较少，海水便呈现一片白色。

环境色的画意

谈到此，我们不得不关注固有色和环境色之间复杂而又微妙的关系。而最能反映人类对二者关系的认识过程，当数欧洲的油画色彩发展史。堪培拉是油画最为古老的源头，在艺术史上的对应时间段一般认为是公元4～13世纪。在这个时期的绘画作品中，画家表现物体的颜色基本上遵从于对它们的简单认识。换句话说，哪怕是场景中的物体，他们往往也仅为其涂上固有色，而对会影响物体色彩的环境色较少关注。我们会看到这些早期的绘画往往色彩较薄，颜色的叠加相对较少。因此，这样的作品必然凸显了画面内容更多的“共性”。比如每一幅《圣母与基督》的画面中，几乎都是相似的色调，并且圣母与圣子的衣服、皮肤的光感、环境的暗淡通常会用同一种颜色去表现。

13世纪开始萌芽的文艺复兴，其最大的影响就是对“人”的发现。在视觉领域，人们开始在意用人的眼睛、感觉和观点去看人的世界，强调人性。事实是，当人们真正用眼睛去观察事物，并且试着用绘画去真实地表达自己所见之物时，环境色才会被人们看到。而在这之前，环境色往往是被画家视而不见的。在当时的画家中，乔托便是其中的先驱，他最重要的贡献，就是在画面中表现明暗。并且，乔托成功地用明暗塑造出了更加立体的三维空间。而乔托之后，油性坦培拉的产生，使得油画更容易表现物体的空间感。不过，我们也注意到，15世纪的切尼尼（Cennino Cennini）在《艺匠手册》中还记载有固有色的相关知识和使用法则。说明固有色的观念在早期绘画中拥有巨大的影响力。

在环境色的发现史上，提香的作品也有重大的推动作用。虽然他的画作大部分仍然是在典型的固有色色相对比中进行，但是他的贡献在于对画面整体色彩色调的追求。当我们在欣赏伦勃朗的画作时，会发现他又比之前的作品更加高明。为什么？如果我们有幸看到其原作，会发现他的作品一般有较厚的颜料堆积。因为在伦勃朗的时代，他已经能够利用单纯对比色相的透明叠色交叉、敏感交叉，营造出画面冷暖丰富的层次。这是一种多层透明技法的灵活运用。

了解绘画史的人，往往把外光表现归结为透纳、康斯泰勃、巴比松画派等这些高举外光表现旗帜的大师们。然而，在此之前的两百多年以前，尼德兰画家鲁本斯就已经提出了“直接法”，即直接对照眼睛知觉到的颜色进行作画。但是由于当时绘画材料的限制，而未能达到理想的效果。这段历史提醒我们，绘画中对环境色的充分表现是需要绘画材料的充分发展的。

而到了现代主义各种流派的画家那里，对环境色的表现往往已经超过了物理学家甚至生物学家的研究范围。在塞尚的作品中（图3-14），我们甚至可以看见蓝色的圣维克多山。这也并不奇怪，在蒙克的《呐喊》中，明明是暖暖的夕阳，却包裹在一大片冷冷的蓝色中。到了莫奈那里，《日出》中的日出带来的也是一片蓝光。而现实生活中，会有蓝色的夕阳，蓝色的日出吗？答案是肯定的。如果你不信，那么请尝试在一个心情悲伤的傍晚去海湾散步；请尝试早起去海边看真正的日出。这里画中的蓝色，已经超越了视觉，而成为一种知觉的情感，透露出整幅画面中人物严重压抑的心理。

图3–14　圣维克多山，保罗·塞尚。整幅画都笼罩在蓝绿色的调子中，连红色的屋顶都偏黄绿色

所以，当看到绘画中对固有色系统的灵活运用，对环境色的前卫使用，在我们的产品设计中，或许应该更加大胆地运用颜色，将有助于产品传达更丰富的情感信息。当然这样做有风险，并且成本会大幅上升。那么，我们看看"乔帮主"怎么理解这个问题。

1998 年 5 月 6 日，库比蒂诺市燧石礼堂，当年乔布斯 43 岁，整场盛会以"要有光"的神圣时刻为高潮。他揭开舞台中央桌子上的遮布，新的 iMac 闪现在大家面前。他站在那儿，自豪地看着他的新 iMac。"它看起来像是从外星来的。"他说，观众大笑，"显然是来自一个不错的星球，那儿的设计师更棒！"1988 年 8 月，iMac 正式发售，1299 美元，上市 6 个星期后就售出 27.8 万台，到年底售出了 80 万台，它成为苹果公司史上销售速度最快的计算机。除"邦迪蓝"外，伊夫（Jony Ive）很快就为 iMac 设计出了 4 款看起来非常诱人的颜色。为一款电脑设计 5 种颜色必定会为其制造、库存、分销带来巨大挑战。对大多数公司来说，这都是巨大风险的象征。而乔布斯看到新颜色时非常激动，并马上召集其他高管到设计室。"我们要使用所有这些颜色！"他兴奋地说道。在众人离开后，伊夫看着自己的团队，"在其他公司，作这样的决定要花上几个月，"伊夫回忆道，"史蒂夫只用了半个小时。"优秀与伟大的区别，只在于此吧（图 3-15）。

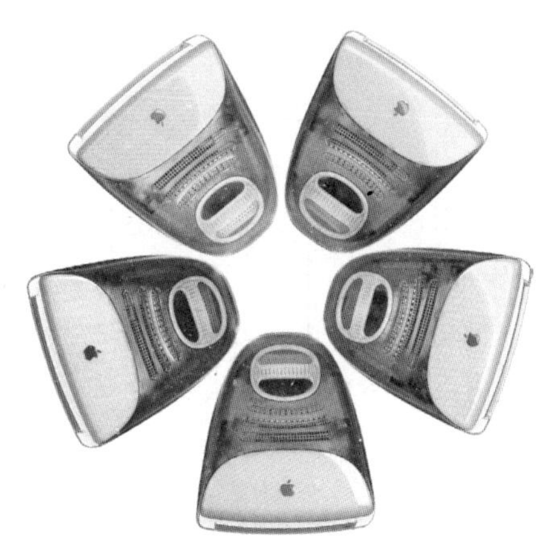

图 3–15　iMac 98 五种配色图

要么互补，要么邻近

我们的老祖宗在千年以前，便神秘地说道，万物皆有阴阳。但直到今天，我们仍然不能领会其中具体的所指。不过，这句话至少包含了一种意思，即世间的事物总是相对存在的。当然，色彩也是如此！这便是互补色。

当我们被娇艳红润的牡丹花吸引，会驻足在它们的面前长久凝视，流连忘返。这时，再将视线转移到白色的背景之上，我们便会看到青色的花。而如果我们长久凝视的是黄色的山茶花，那么当视线转移到白背景之上后，我们将看到蓝色的花。这便是颜色的负后现象，即我们人眼因长久注视红色，而使得红色视锥细胞的敏感度降低，从而会往绿色方向偏移。一百多年以前，德国的生理学家黑林（Ewald Herring）根据人眼的负后现象，在杨格——赫尔姆霍兹的三色素理论的基础上，又提出了互补色的机制。即蓝黄、红绿、黑白是互补色。这每一对中的两种颜色，理论上不适合同时出现。这种关于色彩的认识，恰如道家所谓阴阳两极分化的理论。

视觉心理学家在互补色方面也建树不小，阿恩海姆便是其中具有代表性的人物。在其著作《艺术与视知觉》中，他曾引用设计师奥斯瓦尔德的名言："一定存在着某些互相配合得特别好的色彩，这就是那些在色环中互相面对并形成一对互补色的色调。"而他最主要的依据，便是大量的现代主义绘画作品。这些作品中对互补色的大量运用使得阿恩海姆相信："一幅画，如果是运用互补的形式构成的，就必然会达到这种充满了生命力的平静。"并且，他认为"眼睛能够本能的把互补的颜色识别并联系起来。"这又让他得到另外一个关于"完形"理论的原则。比如毕加索就是善于运用互补色的色彩大师。互补的颜色使得他的作品更具有表现力和刺激性，如图 3-16。这个所谓颜色视觉的"完形"原则同其他诸如连续线条等形式的完形原则一起，构成了阿恩海姆视觉心理的重要理论，而其根基，便是当时流行的格式塔心理学。

而确实，在现代主义的代表、印象派画家们的作品中，我们随处可以发现他们对互补色的运用。然而，让人不得不信服的是，这些画家的用色来源，便是完全依照人的肉眼观察到的大自然的光影变化——他们对照外景直接写生而成。他们的作品也从艺术实践的角度启示我们，人的眼睛不仅可以简单地识别颜色，而且还具有对颜色的认知能力。换句话说，人眼中的视杆细胞和视锥细胞将所获得的信息传递到我们的视神经中枢的时候，大脑会进行复杂的处理，从而达到对色彩的认知。

图 3–16　哭泣的女人，巴勃罗·鲁伊斯·毕加索，画布油画，1937 年

除了绘画等平面视觉领域，比如在工业设计作品中，人们很少使用对比色作为装饰。我们可以遍览各种工业产品设计图册，伴随着大工业生产的设计作品往往色彩较为普通，而尽量不使用对比强烈的互补色。互补色至少有两种相对的颜色，即我们眼睛遇到互补色时，至少会有两种视锥细胞同时兴奋。因此，互补色会形成较为强烈的视觉刺激。而强烈的刺激一方面可以迅速地激起人脑的兴奋，但另一方面也很容易让人脑疲倦，从而产生厌恶感。因此，作为应用面和涉及面都非常广泛的工业作品，往往都慎用对比色。一般在一些普通的工具设计中，会使用强对比色，比如螺丝刀。这样做的目的也是显而易见的，即使其在一堆庞杂的物件中，眼睛也可以迅速注意到它。

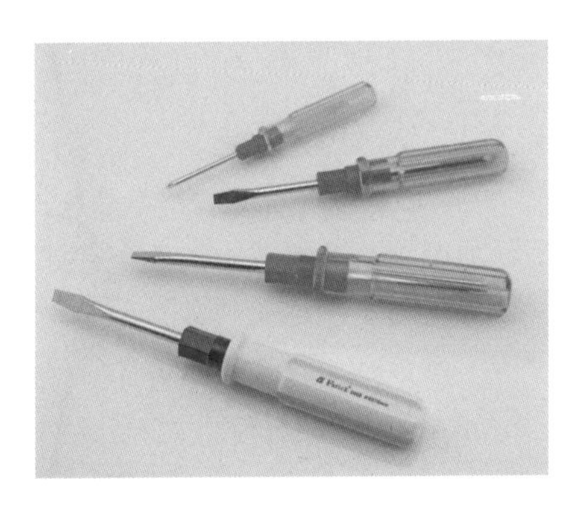

图 3–17　螺丝刀。黄黑，红蓝对比色

其实，工业产品设计中，最常使用的，是邻近色。我们工作非常疲倦的时候，

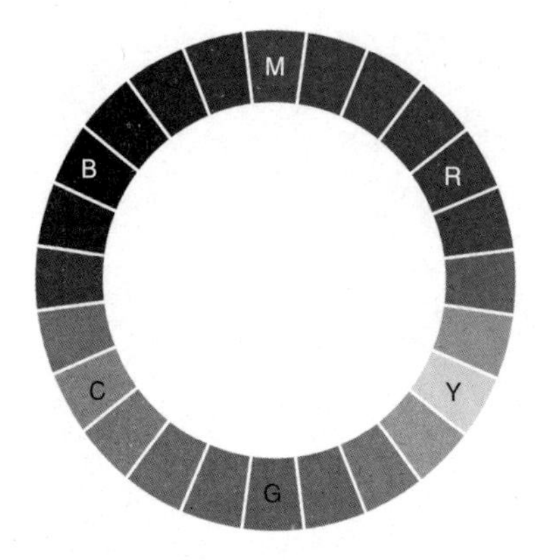

图 3-18 24 色环

便停下手中的事情，趴在办公桌上。环顾四周，我们会发现，几乎所有的产品，都是统一协调的颜色，极少具有强烈视觉刺激的色彩。邻近色指的是色相近似，冷暖色调和谐一致的颜色。我们在 24 色的色环（图 3-18）上任意选一种颜色，与此种颜色相距 90° 的颜色，彼此都属于邻近色。比如红色与橙色、蓝色与绿色。对邻近色运用的工业产品,处处皆是。

当然，在平面视觉领域中，邻近色同样有广阔的用武之地。现代派的风景画家德拉克罗瓦曾深有感触地说:“所有邻近颜色之间的局部关系都显示出同样令人愉快的和谐一致。”而这种使色彩丰富而又和谐的邻近色手法，在莫奈、波纳尔以及修拉等人的画作中，得到了完美的运用。

冬天的室内，我们更加希望一切物品都笼罩在暖黄色的灯光之下，然后再将自己窝在深色的沙发之中，听着异域的民谣音乐，昏昏欲睡。

如果我们感到心烦意乱，焦虑不安，那么从衣柜中翻出具有蓝绿色调的衣服穿上，再在书桌上放上黑种草和白顶红搭配的花束，静静地喝上一杯绿茶，这样看来，或许人生还没那么糟糕。

虽然我们目前为止，仍然不能完全搞清楚为何颜色会与人们的情感密切相关，正如马奈所感受的那样，一切颜色都是情感。但重要的是，我们已经确认了这一真实的心理感受。敏锐的设计师们也已经不断地将这种感受运用到产品设计中去。

在英国的海港地带，曾经发生过一件关于颜色轻重的有趣事件。当时，码头的工人一度因为涂有深色颜料的货物箱过于沉重而提出罢工。而机智的货主将深色的货物箱涂成轻快的浅色之后，码头工人们竟意外发现，箱子变轻了！而事实上，货物的体积以及重量并没有丝毫的变化，仅仅是货箱外表颜色的变化给人造成了“变轻”的错觉。

如果我们将同样的咖啡倒进仅仅是颜色不同的杯中，会发现味道会出现微妙的变化：黄色杯中的咖啡偏淡，而绿色杯中的咖啡偏酸，红色杯中的咖啡则味道香浓。这时，我们会明白，被誉为咖啡之王的雀巢咖啡，其杯子为何是一如既往的红色（图 3-19）。细心观察生活的人们，还会注意到：除了绿色的蔬菜，我们很少食用绿色的食物，尤其是主食。江浙一带清明节流行吃的青团，到了北方人那里，则可能被认为是奇怪的食物。因为那翠绿的颜色会让人觉得有些怪异。

图 3–19　红色雀巢咖啡杯

李清照作为一名女性词人，似乎对色彩的形态更加敏感。在《如梦令》中，她低吟道："知否，知否，应是绿肥红瘦。"在其另外一首作品——《醉花阴》中，又有："帘卷西风，人比黄花瘦"的感叹。在多情的词人眼里，绿色要比红色更"肥"，而"黄花"便是"瘦"的代名词。当然，这也可以被理解为一种通感的艺术手法。然而，这种因色彩不同而引起视觉形态的变化却不时在我们的生活中出现。比如较胖的人，穿黑色的衣服可以显瘦。如果一位身材肥胖的女子身着白色软质的衣服，则很难让人觉得舒服。

光鲜自然亮丽

摆在我们桌上的红玫瑰，会因为光线从早到晚的变化，而呈现出不一样的色彩。这便是光线明度的变化所引起的视觉反映。简单地说，色彩的明度，指的是人眼对物体表面色彩的敏感程度的感觉。这是由于光波的振幅不同导致的光线能量变化。通常能量越大的光波，其振幅也就越大。因此，在其他条件相同的情况下，白色的明度最高，而黑色的明度最低。色彩的明度对我们的心理刺激很大。越是明亮的色彩，越容易使人兴奋而心情愉悦；相反，越暗的色彩，让人越有落寞感。

明暗不同，色彩的深浅会有所变化，比如深黄、中黄、柠檬黄、淡黄等不同色阶的黄颜色就有着明度上的差异。并且不同色相的色彩之间，其明度也会一一变化，比如原色黄色的明度最高，而橙色又比红色的明度高，红色又比紫色的明度高，紫色又比黑色的明度高。如果我们要提高某种色彩的明度，那么我们只需要往其中加入白色；相反，如果我们需要将颜色变暗，那么少量的黑色将会起到非常好的作用。但值得注意的是，在调色的时候，色彩的纯度，即饱和度也会降低（图 3-20）。

图 3-20　美术馆中彩色与黑白画作展示

喜欢在网上购物的人们会发现，明明我们看到的衣服颜色非常明亮，而拿到手时，却非常暗淡。往往造成卖家秀和买家秀的区别。每每遇到这种情况，我们的心情都是愤慨而失落的。这需要我们明白，商品的卖家为了让自己的产品达到最好的视觉效果，在拍照摄影的时候，往往会给商品打上强光，让商品的颜色更加明亮，从而达到吸引人眼球的目的。其实这些商家是深谙视觉心理学知识的。因此，我们在看到网上心动的商品时，需要自己想象一下当它们的明度降低以后，将会是何种效果，如果那样还是可以接受，便可以下订单了。这样，可以在一定程度上降低实物和商品预期的差别。

图 3-21 色彩明度高的户外用产品

有意思的是，物体明度的变化，还受到背景色的影响。背景色明度越低，则目标色明度给人感觉更高，反之，背景色明度越高，则目标色明度给人感觉更低 。非彩色背景对颜色外貌的影响不仅针对目标色的明度而言，它还涉及饱和度和色调，而且随着目标色自身明度值的增高，这方面的影响越明显。目标色的明度在受到非彩色背景明度影响的同时，其自身的明度也会制约这一影响，比如说低明度颜色的明度受非彩色背景影响大，而高明度颜色的明度受非彩色背景影响小[1]。我们在美术馆欣赏画作时,是不是会发现在多色彩的画作展示时，环境光往往很暗。这是因为多色画作有的是高明度颜色的，有的是低明度颜色

[1] 武兵，黄敏，邓梁 . 非彩色背景明度变化对目标色色貌的影响 [J]. 北京印刷学院学报：第 15 卷，第 2 期 .

的，而低明度颜色的作品又容易受到非彩色的墙面或展示台面的影响。展方考虑作品尽量不受环境色的影响,保证大家的观赏效果。而在黑白色的画作展示时，这个问题就很小，因为他们本来就没有颜色。

在工业产品设计领域，对产品的色彩设计上也是如此。在纷杂、光影多变的环境中出现的产品，应具有高明度的色彩表现，以增加它的辨识度和表现力。

怎么会变成“僵尸色”？

如果我们对艺术设计领域稍有了解，那么一定会听到色彩饱和度这个词语。色彩的饱和度也可以称为色彩的纯度，也即色彩的纯净程度。如果从光学的角度来看，色彩的纯度取决于色彩波长的单一程度，即波长越单纯，色彩就越鲜艳，视觉刺激就越强。每当我们看到饱和度高的色彩，会更容易激动亢奋，而见到饱和度低的色彩，会更容易冷静、沉稳。通常情况下，各种单色光是饱和度最高的色彩，而混色就会降低色彩的饱和度。人们往往称饱和度较低的颜色为“僵尸色”，生动地形容了低饱和度色彩通常给人以冷淡、低沉的感觉。

自然界中的动植物，有许多呈现出高饱和度的色彩（图3-22）。这些色彩的作用或是求偶，或是警戒，或是保护自己，或是诚邀享用。总之，这些色彩艳丽、丰富的色彩，全部都带给他者丰富的信息，并以此传达出了它们的情感。久而久之，我们人类看到这些色彩，接受了它们的情感信息，又汇集成了自己的理解。这些丰富的色彩大多是饱和度较高的，高饱和度的色彩也就具备了向外界传达情感、表示情绪的功能。红色代表热情，蓝色显示沉稳，青黄充满喜悦，粉紫彰显暧昧……多么奇妙的解读啊。这些人文化的解读，受文化、地域的影响，也受年代、年龄的影响。唯一能确定的是，他们很不确定。在这里，我只能回顾人与自然的交互历程，说：“高饱和度的颜色传达情绪，而低饱和度的色彩传递出的情绪很少。”

图3–22　自然界中的颜色

如果想在设计作品中传达丰富的情感、情绪，那可选用高饱和度色彩（图3-23）。可爱讨巧的厨房用品能减轻我们一天工作的劳累感，艳丽脱俗的服装能使我们精神抖擞，交通标示中的黄、绿、红能令我们警醒注意，宝宝们的玩具多彩鲜亮，让我们觉得，“嗯，那就属于他们！”

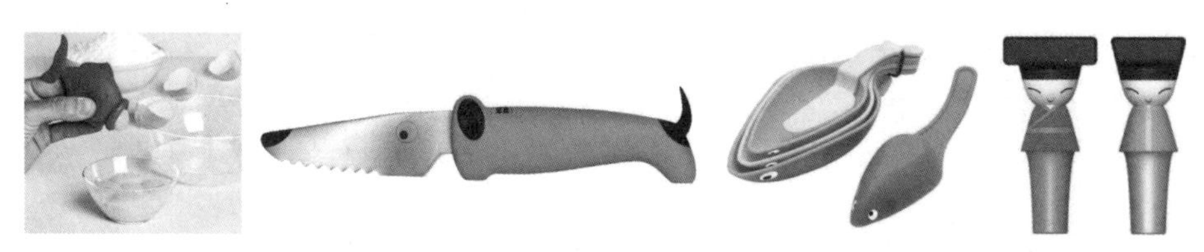

图 3–23　色彩饱和度高的产品能透露出情感

低饱和度的色彩是不是无用武之地呢？

由于低饱和度色彩不太引我们注意，传达出的情绪很少，降低了我们的思绪活动，它既不引人亲近，又不拒人千里之外。这样的低饱和度色彩非常适合做彰显高档的配色。它低调地伫立在那，却拥有自己应得的荣耀（图3-24）。

图 3–24　低饱和度色彩的产品

第四章　寻找平衡

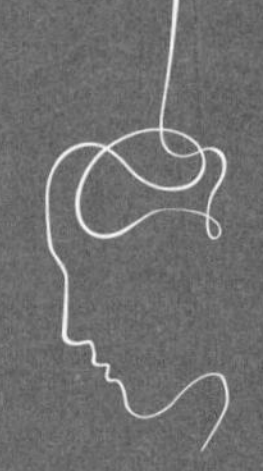

当人用一只腿站立时，为了保持身体的平衡，就会将人体的重心偏移，从而使整个身体向一个方向倾斜，形成一种看似不稳定但是平衡的视觉效果。如果在设计作品时，遇到画面整体不平衡的问题，如左右的元素大小不一致，设计师们会通过改变颜色或者位置的方式使其保持平衡，这样便不会产生倾倒的压迫感。若需要体现很强的重量感，设计师可运用深颜色，浅颜色的视觉效果往往用来体现低重量的感觉。

其实关于视觉平衡的设计技法很多。我们冥思苦想地总结出那么多保持视觉平衡的手法，其实都是为了人最初的那份对平衡的执着。我们如此喜爱平衡，如此想维护平衡，正是因为我们大脑对平衡有一种与生俱来的需求。这种需求，是美产生的基础，是人心理平衡的基石。

最直接的平衡

自远古以来，我们的视觉平衡便离不开“对称”。

我们生活中常见的三种对称形式是镜像对称、旋转对称和平移对称。其中镜像对称指的是形同元素绕中轴镜像的映射效果。只要镜像线两边的元素相同，任何方向都可产生镜像对称。比如蝴蝶的身体和翅膀就属于镜像对称。其次是旋转对称，它指的是相同的元素绕着同一个中心点做旋转。只要元素共享一个中心点，任一角度、任何时候都能出现旋转对称。比如我们看到的太阳花的花瓣以及游乐园里面的摩天轮。最后是平移对称，它是相同元素在不同空间区域的位置。只要保留元素的基本方向，任何方向和距离都可产生平移对称。比如古建筑横梁上的彩画装饰（图 4-1）。

图 4–1　北京香界寺圆通宝殿内的梁架彩画装饰（平移对称）

对设计者来说，对称形态除了其美学的特性之外，还有其他启示。比如我们较容易将对称形态看成是象征图像而不是基础图像。这就意味着对称形态比其他单元的图像更能引起人们的注意，当然也就更能加强人们的回忆。对称形态比非对称形态简单，这也使得它们在识别和回忆上更具有优势。无论如何，对称脸比不对称的脸更加讨人喜欢。维克多·雨果在描写敲钟人阿西莫多时，为了将他外形丑化，以达到心灵美的强烈对比效果，就特意将他描写成一个外貌不对称的人。

图 4-2　埃霍拉顿，阿蒙——雷庙出土，埃及第十八王朝，约公元 1353 ~ 1335 年。砂岩。高约 4 米。埃及博物馆

类似于对称等视觉平衡问题，不管是对于产品设计师，还是普通百姓，似乎已经非常熟悉，并且或多或少地知道对称的用法、对称的美、甚至对称的悠久历史。但是，我们可能很少发现，人类的对称审美，有着从单一到多样的变化历史。而这个过程反映了人们从认识对称到抛弃对称，再到重新了解对称的过程。而这个过程实际上又与人依赖自身条件，到挑战自身条件，再到重新合理利用自身条件的历程密切相关。

如果我们翻开人类各种远古文明的图册，会发现所有那时人们的视觉表现，比如雕塑、绘画、建筑，无不按照统一的对称原则塑造。有时，甚至是非常呆板地套用对称的法则。让我们回想古埃及金字塔、塑像以及绘画作品，在那里总会感受到一种自足的秩序，而对称在其中起着举足轻重的作用。埃及十八王朝国王埃霍拉顿的塑像(图 4-2)，在艺术史上已经被认为是某种程度上打破了此前统一规则的作品。《加德纳世界艺术史》中对它的描述是："保留了权威的法老像标准的正面姿势，但有着娇弱的身体、曲线形的轮廓、

饱满嘴唇的长脸、长着厚厚眼睑的眼睛以及沉浸在梦幻中的表情，都和埃霍纳顿的前辈们那英姿勃发的高大身材截然不同。”然而，当我们看到这尊4米多高的塑像时，第一印象仍然是完美的对称。

我们都很清楚，这种传统并没有因为古埃及王朝的灭亡而衰落。

埃及的关于对称的运用以及审美甚至流传到了克里特岛，在那里居住的希腊人民更加珍惜这一原则。他们在建造自己的神庙，编汇来自祖先的诗歌，甚至塑造运动会上健美的运动员时，也时时不忘对称在视觉形象不可动摇的地位。(图4-3)。直到19世纪中期，由于技术的发展等多种因素，在视觉造型上，人们似乎开始厌烦对称带来的稳定和呆板。表现主义者们希望通过一些运动的、非对称的、不平衡的元素，以期打破人们长期以来所形成的审美原则，获得一种新的视觉表现形式。蒙克是这中间的佼佼者，他的画面尽量地利用非平衡去传达压抑、非正常的情绪。其人尽皆知的代表作——《呐喊》，完全使用了一种倾斜的构图模式。

图4–3 米隆，掷铁饼者，约公元前450年。青铜原作的罗马大理石复制品，高约152厘米，罗马国立博物馆

对非对称的使用使得人们开始掌握表现视觉张力的重要手法。

安迪·沃霍尔深谙此道。在20世纪上半叶，美国经济开始超过欧洲，商业发达。人们充满了热情，似乎每一个个体都有改变全世界的希望。在视觉上的要求，当然也必须是对传统的离经叛道。沃霍尔及其影响者们借鉴着早期欧洲包豪斯的视觉手法，在平面作品上大量使用非对称构图以及元素。由此，他们的作品凸显出与古典的、也即经典的作品完全不同的视觉感受。

但我们仍然需要对称，正如古典永远不可缺少。1991年，为了庆祝瑞士建国 700 周年，Swatch 推出了 4 款珍藏版手表，其中一款由设计师费利斯·瓦里尼完成，名叫“360° Rosso su Blackout”：一条红线纵穿黑色的表带和表盘。手表使用时，在手腕上会形成一条闭合的圆圈，而这个圆圈与指针的红点旋转所形成的圆圈轨迹正好垂直。这款手表因为表带上红色的线条，更加强调了整体的对称性，而使其更加时尚，如图 4-5。从这款手表中，我们可以发现对称在当代人们的视觉审美中，已经是经典的代表。

图 4–4 爱德华·蒙克《呐喊》，1893 年

图 4–5 Swatch 360 ROSSO SU Blackout，1991

如果我们更有耐心，那么会发现中国远古时代的器物设计中，对称几乎是唯一的视觉原则。当我们走进博物馆的商周文明展厅，那里摆放的青铜器、陶器整齐划一地按照对称造型。并且，其上面的纹饰也是完全对称的。兽面纹、

夔龙纹、鸟纹、鸮纹、象纹……对称，似乎是那时的人们组织视觉元素最合理、最神圣的处理方式。

想象一下，考古学家们打开一座古埃及的墓葬，或者一座夏商时期的墓葬，或者在玛雅人的发掘遗址中发现的器物，几乎不可能是非对称的。

我们再回到当下的生活中，环顾房间里笼罩在暖色调的物品：锅碗瓢盆、空调、电视、饮水机、空气净化器、灯具等，也还是处处体现着对称的原则。让我们再观察一些不对称的物品，它们可能是什么？可能是我们挂在墙上的装饰品；自己动手做的茶杯垫；从产品展览会上带回家的花瓶……恐怕，非对称的物品在我们的生活中非常少见，甚至可以说是稀有物。随着人类社会的发展和人的认识的不断深入，对对称的理解也在不断深入，尤其是在美学方面有了新的认识。中世纪的美学家把对称与和谐理解为美。圣·托马斯认为，完整、匀称和明显是美的“三要素”。在中世纪的美学中，把“对称和平衡的观念”看成“是统治一切的”。圣·奥古斯丁认为：“建筑物细部上的任何不必要的不对称都会使我们感到很不舒服。”[1]

嗯，对称，是美的基石。

[1] 黑格尔，美学译文。北京：中国社会科学出版社，1980：190.

我们天生爱“对称”

相比较哲学的或者物理学对人类对称审美的解释，我们更倾向于从生理学上去认识。不只是双手，我们的双脚、两耳乃至整个左半边身体的外观和右半边身体的外观之间都是镜像对称的关系。生物学上把我们这样的身体结构称为左右对称，把这样拥有一个对称轴和数个（可多可少）对称面的身体结构称为辐射对称。我们把两极没有对称关系的轴称为极性轴或异极性轴；两极间存在对称关系的轴则称为非极性轴或同极性轴。也就是说，前后轴和腹背轴都是极性轴，左右轴则是非极性轴。这两个极性轴和一个非极性轴赋予了我们左右对称的体形。留意一下世界上形形色色的生物，我们会发现，动物界中绝大部分是左右对称的，此外还能见到少数辐射对称的成员，其他的对称方式就更稀有了。在动物界之外的情况则大不相同——根本就找不到左右对称的成员（非左右对称的生物也可以有左右对称的局部，比如海星的触手或树的叶子）。这说明左右对称的体形对于动物的生活方式而言具有非常大的优势，因此才被保留下来并发扬光大的。那么就让我们来看看动物的生活方式。

动物有一个重要的特征就是运动，而且是主动的运动。动物界典型的营养方式是通过“吃”其他生物来获取营养，主动运动无疑给摄食提供了莫大的便利。尽管也有一些动物采取不动的生活方式，还有少数植物也会“吃”其他生物，但对于大体型和结构复杂的动物来说，主动运动则是必不可少的。

地球上的生物由于受到重力的影响，身体的近地端和远地端通常都是不同的，这就构成了一个极性轴——在动物中一般就是腹背轴（dorso-ventral axis）。对于主动运动的动物来说，最好还要有另一个极性轴——前后轴。也就是说，我们最好向“前”运动。对于没有前后轴的动物来说，水平方向的四面八方都是一样的。你也许会觉得动物当然要向头的方向运动，而实际上动物的头恰恰是运动赋予的。像植物那样固定不动是不会进化出头部的。

对称性在生物学中也是一个重要的问题。人们早就观察到动物体态的对称性。生物学家是这样来解释这种现象的：对于一个物种来说，在现实环境中实现运动功能，需要平衡各种力，即各方向的矛盾处于一种均衡状态下，它想要出现于任何位置，那么它最佳的形态就会以一个球形出现，如原生动物及水中的浮游小生物都大致成球形。你很难想象一个轴对称的羽毛球能在飞行的路径上产生弧线，由于自身的结构，它只能沿着轴的方向前行。而作为球体的网球，则能在运动时自由很多，球拍给网球的推力及网线对网球的摩擦力使之产生强烈的旋转，从而产生运动方向上的改变。对于那些可以在水中、空中和陆地上自由运动的动物，身体前后移动的方向及重力的方向都成为决定性因素，这就决定了它们体态在静止中要能对抗重力方向，在运动中则要求在运动方向上保持形态的左右对称性。

动物从低等到高等的发展过程，是对称程度不断下降的过程，也是动物适应外部环境的过程。在动物发展过程中，当动物不再适应自然环境，就会有一种对称性被打破，从而产生新的物种。由此可见，生物体的对称性不是一成不变的，它也在不断发展变化中，动物生存自然环境的变化，可能会破坏一种对称性，但同样可能产生新的对称性。

在产生运动的产品设计时，我们也会看到这种惯常的对称性。我们所骑的自行车、平衡车、滑板，驾驶的汽车、飞机、游船，这些工业产品都是对称的。从上面的分析我们可以明白，如果想在运动方向上保持最佳的运动轨迹，那么就要求产品的结构在所运动的方向上保持左右对称。你可能好奇为什么汽车的驾驶位置总是在左或者右，而不是在中间呢，在左右的话这种快速运动的产品结构还能对称吗？其实早期的汽车驾驶位置的确是在中间的（图 4-6），只是后来由于汽车的整装备质量远大于人体，同时又要满足多载人的需求而设计成了偏移的驾驶位。如果我们比较一下家用车和 F1 赛车，就会发现很大的区别。一辆 F1 赛车整车的质量只有 605 公斤，而家用车的发动机质量有 100 多公斤，整车质量在 2000 公斤左右。在高速行驶的情况下，就要求 F1 赛车的驾驶位居中安放，以保证平衡。

一款满足高速运动要求的汽车，从结构和形态上都以对称为佳。这种依据运动学原理的造型，可靠、惯常但难免无聊。因此有些汽车设计师发展了新型的汽车造型——一种非对称的美（图 4-8、图 4-9）。当然这种非对称仅仅是在表面的造型上，在车体结构上仍需要保证汽车在运动方向上是左右对称的。

图 4–6　奔驰的第一辆汽车

图 4–7　F1 赛车

图 4–8　路虎发现 4

图 4–9　讴歌概念车

正是由于人类自身的这种与生俱来的对称性，我们才从心眼儿里觉得对称是美的。我们穷尽一生来发明让人造物对称的方法，其实不只是让它们看起来满足我们的审美，或许，我们从一开始就想着让它们自己能奔跑吧。

第五章 认知与设计

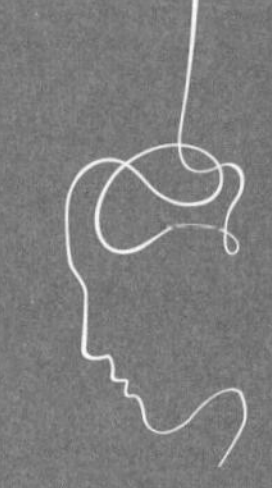

一早醒来，你就启动了昨晚关闭的认知计算机。当你从混沌的、无意识的状态中被iPhone和弦闹钟铃声吵醒的时候，就走进了听觉的世界；当你睁开惺忪的双眼，就来到了视觉的世界；当你不情愿地裹起睡袍，走向水龙头，将水洒到脸上时，你就又跨入了触觉的世界；当你万事俱备，拿起香喷喷的肉包，品尝起妈妈准备的八宝粥时，你又闯入了嗅觉和味觉的世界。这五种感觉，是我们了解世界万物的五种方式，从新浪新闻到网易音乐，从爱抚自家萨摩耶到模仿费德勒优美反手击球，从黄浦江畔Teuscher咖啡馆到天津狗不理的座上客，从日出到日落，你每天、每时、每刻都依靠着五感来与世界交互。（图5-1）

感觉	结构	刺激	感受器
视觉	眼睛	光波	视杆细胞和视锥细胞
听觉	耳朵	声波	毛细胞
味觉	舌头	化学物质	味蕾
嗅觉	鼻子	化学物质	毛细胞
触觉	皮肤	压力	神经细胞

图5–1　五感生理对应关系

认知心理学将大脑比作计算机，大脑对信息进行加工。我们观看、聆听、闻嗅、品尝和触摸这个世界，这只是开始，继之而来的还有对这些信息的编码、存储、转换和思考。当设计系老师出题：以日落和镜子为线索来设计一款钟表时，你就在进行着某种计算。

如图5-2，我们能察觉到的外部能量会刺激感觉系统，在接受转换后变成神经能量，并在感觉存储机制中做极短暂地存留后，传导到中枢神经系统（central nervous system）接受进一步的加工和编码，如果给予充分的注意或重复，这些信息就可能进入记忆系统以供后续的提取加工。如此流程走下来后，其结果可引发我们的某些行为反应，而这些反应又成为进一步加工中的一部分刺激条件。

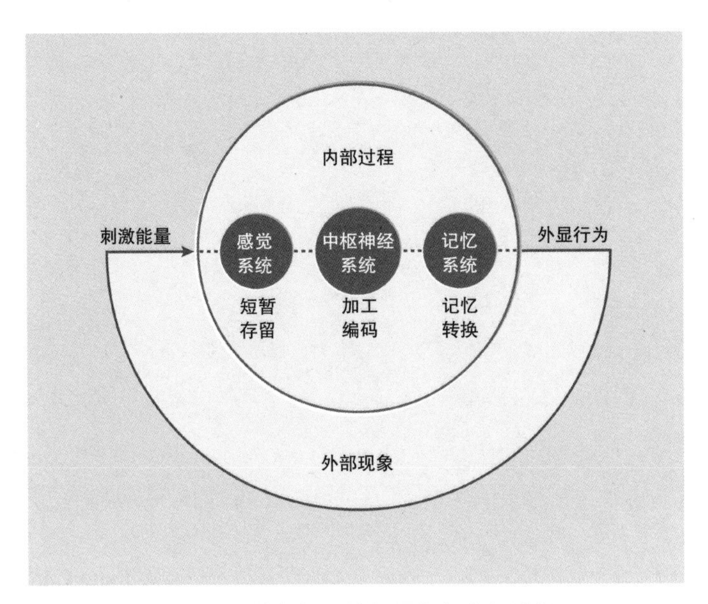

图 5–2　信息加工外部现象与内部过程

你是不是在感叹我们的大脑处理信息竟然如此严谨而有逻辑啊！遗憾的是，这个图所表示的流程只是科学家假设中的信息加工模型。人脑的结构未必是按照该图所示的线性方式组织起来的。真实的大脑工作会更加系统和同步。但该图的价值也是显而易见的，如你所见，它能以很形象的方式进行概念上的阐述。

冰箱里的梅子

我吃了
放在
冰箱里的
梅子
它们
大概是你
留着早餐吃的
请原谅
它们太可口了
那么甜
又那么凉。

——William Carlos Williams

放在冰箱里的梅子，吃起来会很甜、很凉，让我们的心情无比愉悦。威廉斯说“它们太可口了”。短短几句，就道出了我们人类感觉和知觉的不同：“甜”是我们舌头上味蕾所感觉到的味觉，“凉”是我们身体接触到梅子所感觉到的触觉，而“可口”便是诗人根据“那么甜”、“那么凉”的感觉，结合以前的感觉回忆，甚至掺杂了对梅子主人的好感，最后所知觉到的一种愉悦感。

所以，我们说感觉（sensation）指的是对物理世界能量的初始探测。感觉是其他一切心理现象的基础，没有感觉就没有其他一切心理现象。感觉诞生了，其他心理现象就在感觉的基础上发展起来，它是其他一切心理现象的源头和“胚芽”，其他心理现象是在感觉的基础上发挥、发展而扩散开来的。所谓“触景生情”，情感往往就是因为大脑捕捉到了感觉信息所进一步引发的。

如果说感觉是我们对外部世界的初始探测，那么知觉（perception）就是对我们感觉到的事物所进行的解释。当我们欣赏油画、游览名胜或者上手一款游戏时，我们的体验远不止直接的感觉刺激物本身。每一个感觉事件都是在我们关于世界的知识这个背景下得以加工处理的，我们先前的经验为单纯的感觉体验赋予了意义——这就是知觉。因此，知觉所涉及的是我们解释感觉信息的高级认知过程。换言之，感觉是我们对原始刺激的认识，知觉是人脑对这些刺激的进一步解释、分析和整合。请假想一下，现在你阅读本书所在的咖啡吧忽然响起了火灾报警。如果从感觉角度考虑的话，我们会说报警的声音有多大，而从知觉角度考虑，我们会询问人们是否能辨别出火警的声音并知道它的含义，然后拔腿就跑了。

知觉虽然已经达到了对事物整体的认识，比只能认识事物个别属性的感觉更高级了，但知觉来源于感觉，而且二者反映的都是事物的外部现象，都属于对事物的感性认识，所以感觉和知觉又有不可分割的联系。感觉只反映事物的个别属性，知觉却认识了事物的整体；感觉是单一感觉器官活动的结果，知觉却是各种感觉协同活动的结果；感觉不依赖于个人的知识和经验，知觉却受个人知识经验的影响。就像冰箱中梅子“甜”、“凉”的感觉所带给我们“可口”的知觉一样。

知觉是人脑对直接作用于感官的事物的整体反映，是将各种感觉有机结合而成的综合的、整体的反映，是我们人脑对刺激物体的整体的观察、感受、整合、加工和解释。比如看到这一幅图（图 5-3），我们的第一反应可能是红色、圆形、白色背景等。而通过知觉，你理解到的可能是一轮太阳、日本红旗等。感觉是对刺激的初始探测，而先前的经验为单纯的感觉体验赋予了意义，这就是知觉。

图 5–3　红色圆形

其实在我们的现实生活中，感觉很难单独存在。我们所谓的味觉、触觉等单一的感觉往往只存在于实验室中。当我们对某一事物有所知觉的时候，身体的各种感觉已经完成了结合。在晚春的早晨，我们打开窗户，一旦那一树紫色的梧桐花映入眼帘，就会获得面对世界的勇气。这个过程中，我们对紫桐花的视觉和嗅觉已经同时而迅速地传递到大脑，形成了我们对像花儿一样美好事物的幸福感。

图 5–4　巴特农神庙，雅典卫城主体建筑，兴建于公元前 447 年

不过，同一物体，不同的人对它的感觉虽然是相似的，但对它的知觉可能会有很大差别。在通常情况下，知识经验越丰富，对物体的知觉越完善、越全面。大脑对感觉信息的获取，依赖于我们已经在大脑皮层中已存储的记忆。古希腊人民建造的巴特农神庙（图 5-4），每年接待数亿的游客。人们站在庙前，望着残缺不全的建筑骨架、长久风吹日晒后的三角楣浮雕、被石匠凿成规律凹槽的大理石柱……这些形式和颜色感觉不禁让人感到敬畏和感叹，生发出对希腊人民智慧的钦佩，可能还会知觉到历史变迁的无常以及名胜古迹被保护的幸运感。但是，如果我们知道神庙前并无宽阔的广场，观者因此要欣赏建筑只能立于其下，呈仰视的视角。而神庙的柱子便是为了配合人们的观看视角，按照透视效果将变小、外倾的立柱反向设计则可达到视觉纠偏的效果。如此种种的设计，使人们至今仍能从饱经沧桑的神庙看出精微矫正的痕迹和出神入化的效果。此时我们对立柱的感觉信息全然不在大脑的记忆中留有一丝痕迹，那婀娜雄壮的大殿整体知觉则流传万世。

储备得越多，就知觉得越多

我们知觉来自外部世界的初始信息的方式，在很大程度上既受到感觉系统和脑的最初构造方式的影响，又大大受制于我们过去的经验，它赋予刺激的初始感觉，体验丰富多彩的意义。正如郭德纲的定场诗所说的情形：“远看忽忽悠悠，近看飘飘摇摇，在水中一冲一冒，有人说是葫芦，有人说是瓢，二人打赌江边瞧，原来是两个和尚洗澡。”

不同知识背景的人，看到同一事物，甚至可能有完全不同的知觉体验。晴朗的夜晚，我们往往能够看到一轮月亮，静静地挂在天空。虽然有阴晴圆缺的变化，但它永远在那里，千年不变（图 5-5）。在不同人的心中，月亮给人不同的知觉体验。对于诗人来说，月亮总是神秘而忧愁的，“举杯邀明月，对影成三人”、“举头望明月，低头思故乡”、“我寄愁心与明月，随风直到夜郎西”……光李白一人，便足以说明月亮的情感特点；然而，到了歌唱家那里，看到月亮，不禁又会唱起“你问我爱你有多深，我爱你有几分？我的心也真，我的情也真，月亮

图 5–5　同为月亮，却带给人不同的知觉体验

代表我的心”。或者广场跳舞的大妈们会高歌:“我在仰望，月亮之上，有多少梦想在自由的飞翔”;当画家从画室走出,看到月亮后,可能又会想到梵高的《星空》、《月亮升起时的晚间景色》(图 5-6)……而天文学家看到月亮，它的浪漫色彩就会消失，因为天文学家会告诉我们:“别傻了！月亮本身不发光，它上面是漆黑一片。我们看到的是它反射的太阳光。”设计师看到月亮后，可能看到的是吉冈德仁为 MOROSO 设计的“月亮椅”(图 5-7)，这件作品利用了月亮优美的曲线。还可能是日本 NOSIGNER 设计事务所的月亮灯(图 5-8)。这件 LED 灯结合真实数据还原了月球的表面，使其灯光效果与月亮颇为相似。这盏灯在家里点亮，意味着每晚我们都可以拥着月光入眠。

图 5–6　梵高《月亮升起时的晚间景色》

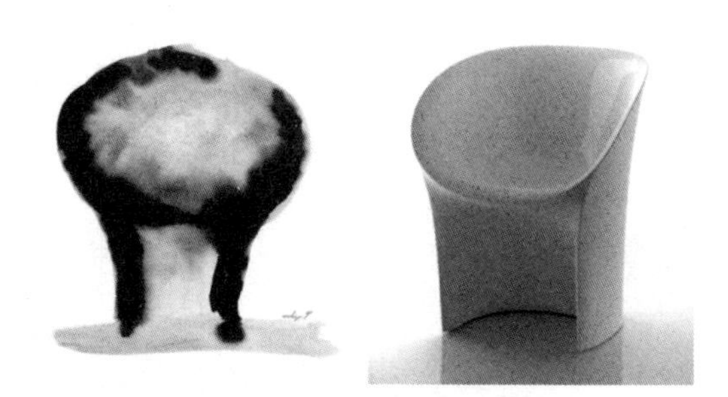

图 5–7　吉冈德仁《月亮椅》

想想我们，看到月亮后会知觉到什么呢？澄澈？神秘？离愁？美丽？……

这种由不同的知识储备带来的不同知觉的现象，在历史研究中非常普遍。北魏孝明帝熙平元年(公元 516 年)建造了号称中国古代历史上曾经建造过的最高的木结构建筑物——洛阳永宁寺塔。由于政治原因，这座塔在一场大火中已不复存在了。于是，我们今天的学者便不断去复原历史上的这座塔。他们依据的材料主要是文献和考古的遗址。文献材料中《魏书》记载:“佛图九层，高四十余丈，其诸费用，不可胜计。”《水经注》中记载:“永宁寺，熙平中始创也，作九层浮图，浮图下基方十四丈。自金露盘下至地四十九丈。取法代都七级而又高广之。”《洛阳伽蓝记》也有相关描述：“永熙三年二月，浮图为火所烧，火从第八级，平旦大发……火经三月不灭，有火入地寻柱子……”、“有九层浮图一所，架木为之，举高九十丈。上有金刹，复高十丈，合去地一千尺”、“面有三户六窗，户皆朱漆，扇上有五行金钉，其十二门，二十四扇，合有五千四百枚，复有金环铺首。”

图 5-8　日本 NOSIGNER 设计事务所的月亮灯

根据这些文献描述，再结合考古发现的塔基。从 20 世纪 90 年代开始至今，已经有四个不同的永宁寺塔复原图（图 5-9）。虽然学者们对于永宁寺塔的高度、层数、材料等基本信息没有太大争议，但是最后的复原效果还是有很大的差别。整体来看，杨鸿勋、钟晓青和王贵祥的复原图显得较为瘦长标美，比较符合北

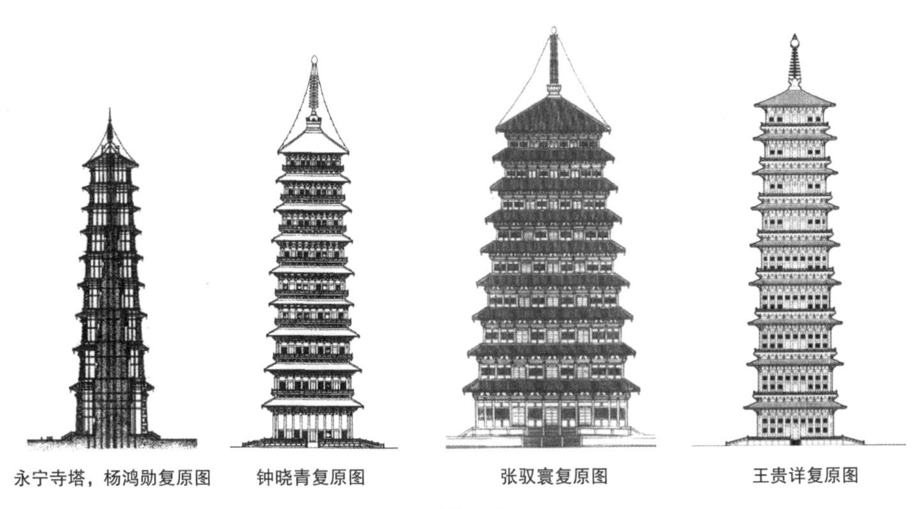

图 5-9

魏的审美。但我们发现，三张图从下到上的收缩比例有着极大的不同。而张驭寰先生的复原图则显得雄壮敦实，比较符合木结构建筑在当时的技术逻辑。历史已经远去，这座塔已经遭到了毁坏，我们今天再也无法寻求到历史的真相。所以我们不得不感慨，我们对历史的知觉，取决于我们关于历史信息的储备，但也无法真正接触到那个曾经的事实。

第六章　注意，就是那个！

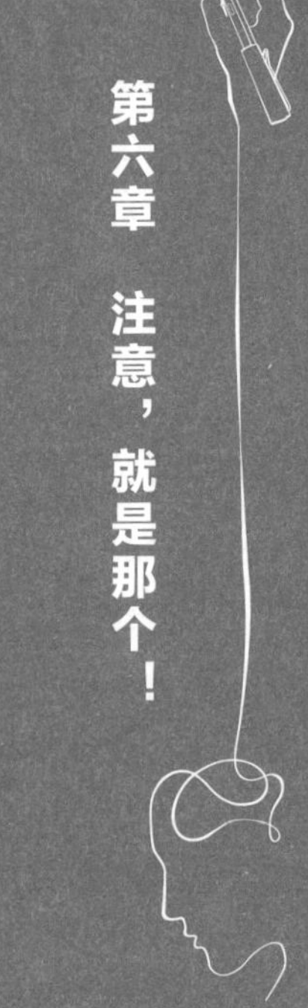

你站在凳子上，战战兢兢地抬起握住钉子的左手，贴着墙面，比划好位置，轻轻挥动右手的锤头，瞄准，瞄准，心中默念“1、2、3”（图 6-1）。“起来，不愿做奴隶的人们……”这时，你的电话铃声响了，心中一万匹“草泥马”奔过。

一百多年前，William James 说道：“每个人都知道什么是注意。”然而遗憾的是，不只 1890 年的他对注意知之甚少，就在 100 多年后，通过许多精心设计的解密注意的实验之后，在 21 世纪的今天，我们对它仍然所知不多。然而这神秘的“注意”却无时无刻不影响着我们，它帮助我们洗菜做饭，引导我们安全抵达单位工作，赐予我们智慧能在车站的茫茫人海中搜寻到久违的朋友。

我们通常定义注意是心理能量在感觉事件或心理事件上的集中，注意通常是具有选择性的。大脑选择的加工某些刺激而忽视其他刺激的倾向，是伴随着感知觉、记忆、思维等心理过程一并发生的心理活动。想想你在考试时的情形，你需要集中精力在某个题目上，在屏蔽外界干扰的情况下努力回想知识点，然后进行思考和计算。而在大千世界中，我们作为观察者，在任何时刻下，都有数不胜数的线索与信息环绕着我们。但是我们人类的神经加工能力却是极有限的，无法对这些信息做周全的处理。我们的感觉系统，就像计算机一样，如果处理的信息量在其容量之内，还能完好地发挥作用，一旦超负荷，就不能正常运作了。当我们在图书馆里写了一天的论文；在办公室中处理了一整天的财务报表，或进行了一场激烈的商务谈判……每当这时，我们只想将自己放在一个安全的环境中休息，而对其他五花八门的信息置之不理了。如果我们想要真正享受山顶落日的美妙，那么不要犹豫，还是坐缆车吧。我们几乎无法做到在荆棘丛生的山路中爬行，搞得自己精疲力竭之后，还能让山顶落日的回

图 6-1　注意——漫画

忆变得诗情画意。

我们往往都是这样：注意一个线索，而忽略其他线索。如果我们试图理解同时呈现的信息，尤其是同类信息，那就必须牺牲一定的精确性。如果你在开车，或许你能在听音乐的同时留意道路状况，但此时你却很难注意到同一感觉通道中的其他线索,比如道路旁的地产广告牌上的售楼电话。而对我们更加困难的是，在同时进行两种任务操作时都表现出最好水平。设想你在小心翼翼地用刮刀修饰你的油泥汽车模型，此时旁边的小伙伴凑过来问你三人购买这些油泥的人均费用。许能做到告诉他一个准确的数字，但你刮刀下的模型，恐怕已经多了条不那么完美的腰线。

日常经验告诉我们，对某些环境线索的注意会优先于其他线索，被注意到的线索通常会得到进一步的加工处理，而未被注意的线索则不会。注意什么不注意什么，似乎源自我们对当时情境施加的控制以及源自我们的长期经历。在任何一种情况下，注意机制都优先地集中于某些刺激。比如有恐高症的人在过河道处的桥梁时，即使同伴不停鼓励他，告诉他怎么做，试图转移他的注意力以缓解紧张，但是他仍然紧张得要死，根本听不进去同伴的“碎碎念”，他似乎只关心不停摇晃的吊桥和桥底湍急的河流。

信息会悄悄地溜走

在日常生活中，我们所意识到的只占我们所经历全部事件的一小部分。读到这里，你可能并没有意识到腰带对肚子的挤压，或是眼睛有些干涩了。但现在呢，你是不是忽然将自己的注意点集中到了这两件事上？你觉得腰带有些紧了，眼睛也由于长时间阅读而感到不适。我们周遭的各种事件线索层出不穷，然而我们很容易觉察到我们只能利用所有可利用线索中的一部分。这些被我们选中的线索可能占比极少，这主要是因为我们没有能力同时处理所有的感觉线索。这其中的部分原因是神经机制上的限制。如图 6-2 所示，我们画了一个比喻图来说明：我们能感觉到大量的感觉信息输入，但由于生理限制，我们能注意到的信息是极为有限的。正是由于有这样的大脑进化结果，我们才能使大脑不被纷杂的信息击垮，保证它能安全运转近百年。如果说并不是所有的感觉都会被大脑加以处理，那么这种背后的选择机制就显得格外重要了。

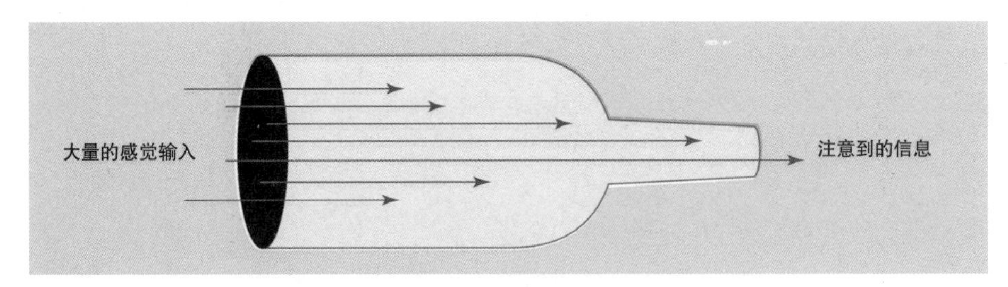

图 6–2　选择性注意机制

选择性注意类似于在漆黑的房间里用手电筒照亮我们感兴趣的东西，而其他东西仍处于黑暗境地。手电筒的光柱面积有限，只能随着我们手的晃动而逐次照亮屋子里的各个物件，而且是，照亮了这件，就舍弃了那件。因此，我们要小心地控制我们的注意之光的方向，加工那些需要注意到的信息，忽视或者弱化其余的信息。

其实这个信息加工的“光柱面积”，即我们对一个信息做出反应的能力，还部分取决于它有多么的纯净，也就是说，它在多大程度上不受竞争信息的干扰。今天，你驱车上班，或公交出行，一定会看到这样的中英文双语公路标志牌（图6-3）。当然，身为中国人，如果你只注意牌子上的中文语令，你就可以在瞥见的瞬间疾驰而过，不会有丝毫的麻烦。然而，如果你对着这双语的刺激苦思冥想，在两种语言中翻译转换，那你的通勤过程就充满了危险。

很多情况下，交通标志都趋向于提供冗余的信息，增加系统的可靠性，以保证各界人士的使用。但我们通过上面的例子也会发现，这些冗余的信息可能会令我们感到有些犹豫和困扰。这种情况下，为了保证大多数用户注意力的节省，在现行的国内交通标志设计中，都会使用大小对比的强烈的双语，诸如，大体的中文对小体的英文，大体的汉语对应小体的蒙古语（图6-4）等。这样做的目的是增加标牌信息传递过程中的信噪比。

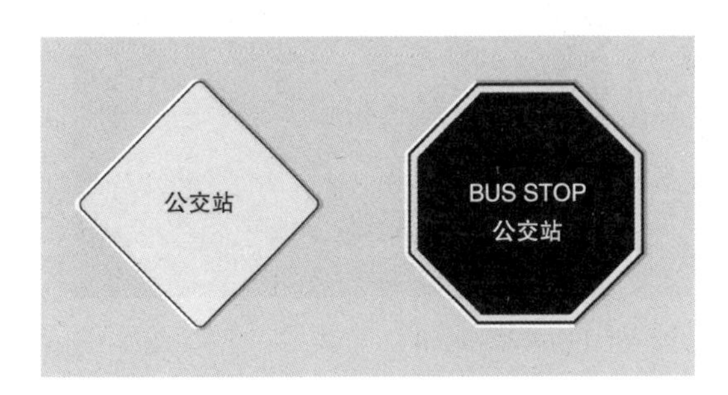

图6–3　两种交通信息牌

图6–4　蒙古语汉语双语交通牌

了不起的信噪比

信噪比（signal–to–Noise Ratio）原本是用在声音和图像领域的概念。我们家中的音响在播放音乐时，机器本身也会产生噪声，能不能在保证完美音质的同时最大限度地掩盖噪声，是衡量这款音响设备优劣的重要指标，这种指标，就是信噪比。生活中，我们所有的交流都涉及信息的形成、传送和接收。在这个过程中，无用的信息会削弱有用的信息，噪声减少了信息的清晰度。信息的清晰度可理解为残留的信号与所添加的噪声的比率。[1]

图 6–5　iOS 和 metro style UI

苹果 iOS 初代设计的 UI 界面采用视觉效果丰富的拟物化设计，在图标内涵传递的同时加入了光感、色彩、质感等效果。对比现在的 iOS10.0 系统采用的扁平化设计，初代的信噪比就显而易见的低。而 windows 推出的 metro style UI 几乎排除了所有的阴影、圆角，只使用色块和文字来表达整个界面的氛围，可以

[1]　W. 利德威尔 . 最佳 100 设计细则 [M]. 刘宏照译 . 上海人民美术出版社，2005：182.

说是同时加强了信息传递并减少了不必要的噪声出现。不过这在早期也会出现一些问题，Metro style UI 缺少了界面所必需的指意暗示，比如说带有阴影效果的图标有让人按下的冲动（图 6-5）。数字界面在发展的初期需要借鉴物理界面的展示方式，按钮有光感和阴影、屏幕有装饰的亮光、图标的样式也是拟物的。但我们有理由相信，随着数字技术本身的发展，UI 设计会逐步脱离对物理世界展示方式的模仿，会逐步出现只适用于数字世界的视觉化方法。这就好像是电视媒体初代的视觉设计都是模仿报纸的样子，没有声音，没有色彩，或者可以说没有太多的动画，只是一幅图配一条字幕，如此滚动呈现。而后来电视也随着自身技术的发展和内容制作者的匠心体现，丰富了基于电视媒介的信息展示方式，形成了我们现在看到的它自己的特点。电视视觉展示效果也被后续发展的技术借鉴，比如我们今天的电脑和互联网。不管是电脑的图形化界面，还是移动互联网在手机界面上的呈现，在最初的几年里，它们的内容展示方式都是延承于电视媒体的。

视觉搜索的特点

不论是在视觉范围内，抑或是在听觉范围内，人们能够根据物理特征，特别是根据位置来选择要注意的刺激。你如何在人群中发现一个朋友的脸？在这种情况下，看起来你必须搜索人群中的每个面孔来找到属于你朋友脸的一些特征：扫帚眉，大环眼，狮子鼻，方海口，两耳朝怀……这样做或许非常复杂，许多有关视觉注意的研究都集中于人们是如何进行这种搜索的。但是研究者们会用更加简单些的材料，而不是在人群中寻找面孔。

TWLN
XJBU
UDXI
HSFP
XSCQ
SDJU
PODC
ZVBP
PEVZ
SLRA
JCEN
ZLRD
XBOD
PHMU
ZHFK
PNJW
CQXT
GHNR
IXYD
QSVB
GUCH
OWBN
BVQN
FOAS
ITZN

图 6–6　Neisser 视觉搜索实验用图

如图 6-6，Neisser（1964）在早期的一项研究中采用的部分材料。任务要求在所呈现的字母阵列中找到第一个 K。这时，你很可能会一行行扫描这些字母来寻找目标 K，实验数据显示，试扫描一行大约花了 0.6 秒的时间。而且当人们进行这些搜索时，他们都是注意力高度集中的。

在进行这些视觉搜索任务时，你可能感到很吃力，但幸运的是，情况可能不总是这样。有时我们可以轻易找到我们要寻找的东西。如果你的朋友带了圆顶礼帽，而其他人又光头不戴帽时，你就很容易找到他了。确实，如果他有一些独特的特征，似乎我们不经过搜索就可以找到他。

Treisman 和 Gelade（1980 年）做了一系列实验来探讨视觉早期加工的问题。他们要求被试在由 30 个字母 I 和 Y 组成的阵列中找出一个字母 T（图 6-7）。他们推断被试能很容易地通过 T 字母上的横杠将其和 I、Y 区分开来。结果表明，被试平均花了大概 400 毫秒来完成这个任务。他们稍微修改了实验材料，让被试从字母 I 和字母 Z 组成的阵列中找出字母 T。这时，字母 T 的水平笔画和竖直笔画在另外两个字母上都出现过，被试需要将这两个线索连接。在这种情况下，被试平均花费了 800 毫秒的时间才找到这个字母 T。因此说，与只要知觉单一特征就能完成的任务相比，识别特征组合要花费成倍的时间。此外，当 Treisman 和 Gelade 改变阵列中的字母数量时，他们发现在要求识别特征集合的任务中，被试受阵列大小的影响要强烈的多。从他们的结果中我们看到，T 在 I、Z 阵列中，随着阵列数量的增加，被试者要花几乎成倍的时间来完成搜索任务。而 T 在 I、Y 阵列中，阵列数量的增加对被试的搜索任务几乎没有影响。我们在完成有关信息设计的作品时，要运用这个现象。在目标对象的设计中加入明显有别于其他的视觉元素，能帮助用户快速而准确地完成选择任务。

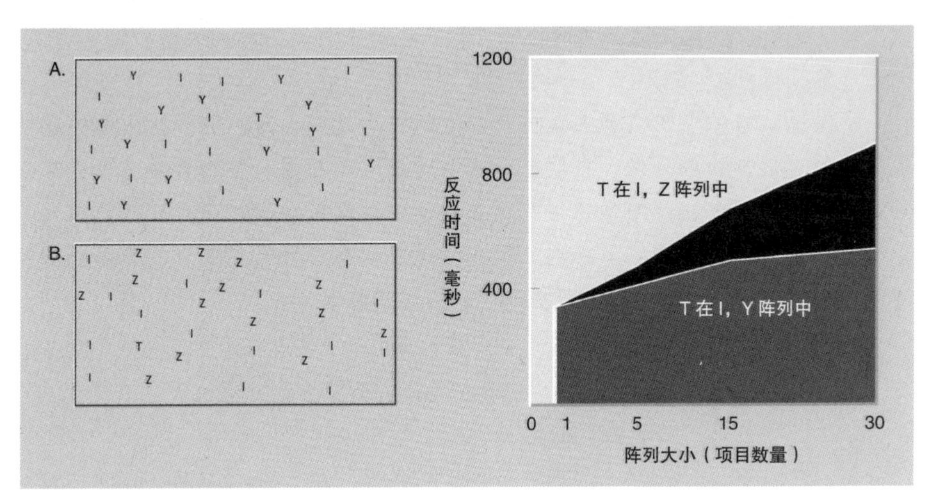

图 6-7　Treisman 和 Gelade 实验用图及结果数据

科学家们还对搜索模型做了进一步的研究。他们认为，视觉搜索可以分为单一特征搜索和联合特征搜索。单一特征搜索指的是目标与干扰项只在一个特征维度上有差异的条件下从干扰环境中搜索目标项。联合特征搜索是指目标与干扰在两个或两个以上特征维度上有差异的情况。在上面的实验中，T与I、Z，在竖线和横线两个维度上都要进行判断，不能在单一特征搜索下完成。这样的联合特征搜索显然更难一些。Treisman（1980）提出的特征整合理论模型认为，视觉搜索过程分为两个阶段。第一阶段是视觉系统以平行的方式对刺激的基本特征（大小、颜色、方向、运动）进行加工。这时刺激的各个特征之间是独立的，我们的大脑对特征信息的编码也是独立的，各维度的特征信息编码后，加工成相应的特征地图。第二阶段对各个特征信息加以联合，进行特征整合加工，并详细分析图形中选定区域的相关特征。也就是说，在第二个阶段，我们的大脑发生了很多知觉活动，消耗了处理信息所需要的能量。Treisman认为在第一个阶段存在一个初级的前注意加工，该过程能对视野进行扫描，迅速地检测客体的主要特征。这些特征主要就是上文提到的大小、颜色、方向和运动。如果在这个前注意阶段就能完成注意的任务，那么也就不需要后续的大脑知觉活动了，大大节省了精力。

所以说，当一个图像刺激在被我们的视觉系统辨识时，有一些图像的属性很容易就可以被大脑处理。很明显，这个过程与图像的特征和数量有关。在数量一定的情况下，这些基本特征在视觉神经的前端就会被辨识，让我们的大脑分辨这些图像属性时更容易一些。因此如果我们在设计大量资讯的时候，能够善用这些基本特征，那么就可以提高读者的阅读效率了。

什么能被我们注意

为什么有的东西总会“主动”跳到我们的眼里？它们似乎天生有一种捕获人心的魔力，所到之处，吸睛无数。但其实并不是它们捕捉到我们，而是我们的眼球捕捉到了它们。当恒定的视觉环境中出现了不同元素时，往往需要更多的心理资源来进行处理，所以我们便会对这些“不速之客”投入更多的注意力。或者说，他们被我们选择性注意了。而这些元素的不同之处，值得设计师们好好体会。

Treisman 的前注意加工阶段表明，有一些特征是很容易被我们的搜索系统所辨识出来的。这些典型的特征中大概有这么几类：不同方向的线条，不同的大小，不同的色彩以及不同的运动状态。很多作品正是恰到好处地运用了这些特性，从而使我们对其一见倾心，难以忘怀。

线条方向不同

线条方向能引导人的视线，拥有独特线条走向的设计往往更能吸引注意，在茫茫产品中脱颖而出（图6-8）。而且线条方向的搭配也是别有洞天，很大程度上能决定产品的造型。精妙的搭配往往能产生视觉张力，这种视觉上的伸张与压缩感能产生更多的心理互动，引起想象和共鸣。

图6–8　倾斜造型的产品

现代设计大多追求简洁的风格，往往给人横平竖直的感觉。想要与众不同，就要打破常规的线条走向，多一点点倾斜或多一点点旋转，这样立马就能多出一分个性。让人第一眼就注意到的建筑造型一定不是一平到底的，而是充满视觉动感的，这种体面感来自于丰富的线条走向。所以大多数著名建筑都具有独特的线条感和立面造型（图6-9）。

同样，让人瞩目的产品也不是四四方方的匣子，而是用线条彰显个性的设计。Bang& Olufsen的BeoLab 90音箱（图6-10）就突破了传统的箱式造型，用三角锥线条来替代水平与垂直，浑身上下充满了抽象艺术气息，尽显另类格调。

事实上，因为受重力的作用，竖直的线条被改变方向往往更具效果，有时简直就是挑战强迫症患者的忍耐力。小到一个斜立的笔，大到一个倾斜的建筑物，都能让人感受到或多或少的心理压迫感，这种潜意识的压迫感会让我们不自觉地关注它们（图 6-11）。

图 6–9　倾斜造型的建筑

图 6–10　BANG & OLUFSEN BeoLab 90 音箱

图 6–11　改变竖直线条的设计

大小不同

小朋友们每次走进玩具店，都会被最大的那个玩具迷住。我们每到一处地方都会先注意到那座体量最大的建筑。体积越大的东西越容易占据我们的视野，相对体积小的物品具有更多的视觉冲击力。就好像是挨了一巴掌和被蚊子叮了一下的知觉度是不一样的。同时，我们似乎在潜意识里也已经认为：越大的东西重要性越大。

一个界面里越重要的内容往往分配有更多的空间，这样才能引导用户优先注意到这个地方。比如，最常用的按钮一般都会比不常用的面积更大。如果画面中有广告，那么投资越多、越核心的广告，会比普通广告的版面更大，推广效果往往会更好，可谓“寸土寸金”。

另一种情况是当物体尺寸与我们预期的差别太大时，我们会惊异地停留下目光。由荷兰艺术家弗洛伦泰因·霍夫曼（Florentijn Hofman）以经典浴盆黄鸭仔为造型创作的巨型橡皮鸭艺术品系列——“大黄鸭”就有这样的效果（图 6-12）。

图 6–12　大黄鸭（Rubber Duck），荷兰艺术家弗洛伦泰因·霍夫曼（Florentijn Hofman），诞生于 2007 年

色彩不同

当我们第一眼看到某件色彩鲜艳的物品时，首先会注意到它的颜色。如果你想让你的同伴在人群中快速找到你，你最好是穿一件颜色醒目的衣服。而变色龙一类的动物为了不被天敌注意，则将自己伪装成与环境相近的颜色，巧妙地将自己隐藏起来。色彩是最直观的视觉元素，也是最能引起主观情绪的因子，有差别的色彩是很容易被人注意到的。

Swatch 多功能彩塑系列的手表（图 6-13）色彩绚烂，充满青春时尚之感，戴上它无异于在说：快看我！快看我！购物网站界面里的核心操作按钮，比如“购买”和“确定”等总是带有明显色彩的，就是为了让你能毫不费劲地看到它们，越容易点击，就越容易购买。

图 6–13　Swatch CHRONO PLASTIC 多功能彩塑系列

大多数明亮环境下的色彩对比来自饱和度的对比。每逢雨天或下雪天，一朵朵撑开的雨伞游离、旋转，真的是很美的画面。这些画面中的主角一定是那些颜色鲜艳的伞，其他的伞都像是它们的衬托。这种有意让人们注意到某个位置的色彩对比在很多艺术领域都是重要的手法，比如电影《辛德勒的名单》里就有过异曲同工的色彩运用，至今被视为经典（图 6-14）。

图 6–14　辛德勒的名单剧照

在注意的世界里，设计师和艺术家对色彩运用是如此娴熟，以至于你会发现，我们的眼球被色彩占满了。先贤老子说“五色令人目盲”，用户头晕目眩间，你想引起“注意”也就谈不上了。

这就出现了一种值得一提的色彩运用——“留白”。“留白”是一种很强烈的东方美学的理念，那些有意留下相应的空白，给观者留有想象的空间。运用留白手法的平面作品数不胜数，但使用留白的工业产品却少之又少，仅有的这些令我们大开眼界！英国设计师 Maya Selway 设计了一系列日常生活用品 Kishu（图 6-15）。这些像是半成品草图的，烛台、碗、水杯和瓶子，每一个作品都是 Maya 在研究其结构之后花很长时间找到的平衡，Maya 希望以一种介于二维于三维之间的视觉错觉来表达自己对于产品的结构的概念，或者说一种很强烈的关于东方美学中“留白”的感念。

图 6–15　Maya Selway's Kishu collection

运动状态不同

出警时的警灯为什么是闪烁的而不是常亮的？汽车发出特殊灯光提示为什么要交替使用远光灯与近光灯？当你浏览朋友圈时为什么更容易注意到那些动图？展览馆的观众总是更容易停留在会动的装置艺术和影像艺术区而不是架上艺术区？

这些都是因为运动的目标更容易引起人的注意。而且运动状态越特殊，与环境的状态差别越大，越容易被人们感知到。所以当你在马路边拦车时总会情不自禁地向目标车辆挥手。QQ 弹窗抖动比一般的会话提醒更具“威慑力”。还有界面中的各种动态设计，都是为了让用户注意到关键信息。比如滑动的 banner，闪动的广告图片和跳动的文字，令人眼花缭乱，感觉似乎整个屏幕都是关键信息。

会动的产品不仅容易让人在视觉上感知到，还会给人一种愿意与人交流互动的心理感觉，而谁又会对主动献上来的“邀请”置之不理呢？所以不管是活动灵活的智能机器人（图6-16），还是丰富多彩的动态影像，都是有技术支撑的大势所趋，人们容易捕捉到这样的内容，也乐意去接受和分享它们。所以拥有精心动态设计的产品往往更能俘获人心。

图 6-16　贤二机器僧图

采用适当基本特征的平行搜索过程几乎不会造成读者任何的认知负担。因此，如果你在设计呈现复杂信息的界面，那么同时用上方向、大小、色彩、运动四种元素中的一两种也许是不错的选择。不要采用太多，太多的效果会变成画面上的杂音。把要强调出来的资料放大再填上不同的颜色，可以帮助读者几乎不耗费精神地判断，也同时强化了信息的重点，增加判读界面与图表的效率。

变化盲与消失的大猩猩

我们对于复杂视觉景象的分析，需要消耗大量的知觉能力，而反应时间也会大大增加。如果有线索的追踪，可以方便我们的对信息的搜索，但如果是线索极少或是对景象不熟悉的话，就难以完成搜索的任务。例如在杂乱无章的城市街道景象中，我们更难以识别消防栓。在混乱的环境中，我们缺乏以往经验中的线索来搜索目标对象。消防栓应该在路边，方便紧急时使用，在打乱的图中，我们不能找到“路边”这个线索来对消防栓进行定位。（图 6-17）

图 6–17　街道消防栓。杂乱的图像没有信息的线索

具有戏剧性的一个情境影响知觉的例子是变化盲（change blindness）现象。人们不能在一个典型的复杂景象中追踪所有的信息。当我们的视网膜受到干扰时，如果景象中的元素发生变化，且它与情境又相匹配，那么人们通常不能察觉到这种变化。如图 6-18，这里给大家分享一个生动的例子，在康奈尔大学校园内，一名实验者拿着地图向路人问路，然后在两人交谈的时候，假扮的工人拿着大片木板遮住另一位准备“调包”的科学家，从他俩之间走过。这时木板掩护的这位会和原本的问路者对调，在假工人走过后继续跟那路人说话。“这路

人肯定被吓到吧！调包了！”你或许是这么以为。但实际上在15名被试中有8人丝毫没有感到讶异，他们甚至没有察觉到跟他们讲话的是不同的人。这就是上文提到的变化盲现象。在知觉对一个信息聚焦的同时，其他的信息会被当成背景而忽略掉。

图6–18 康奈尔大学 掉包实验

Simons和Chabris（1999）完成了一项令人瞩目的持续注意效应的演示，这就是著名的“看不见大猩猩”实验（Invisible Gorilla Test）。他们让被试观看录像，在这段录像中身着黑色球衣的一队球员来回传递篮球，身着白色球衣的另一队球员也在来回传球。试验中（图6-19），被试们一起观看录像中身着黑白两色球衣的队员来回传递篮球。他们被分为两组，一组需要计算穿白色球衣队的传球次数，另外一组计算穿黑色球衣队的传球次数。在这个过程中，实验人员让一位身穿黑色大猩猩皮毛的人穿过房间。有意思的是，计算穿白色球衣传球次数的被试，注意到那个人的仅有8%，而计算穿黑色球衣传球次数的被试，注意到那个人的比例达了67%。这个实验揭示出，我们往往非常关注自身的任务，以至于会忽视另类的存在。实验继续，当被试没有计算双方传球的任务时，他们只是被动地观看视频，这时没有被试忽视过那位身着黑色大猩猩皮毛的人，他们都是能看到它的！

图6–19 “看不见的大猩猩”实验漫画

在另一个实验版本中，Simons给被试装上视觉追踪器，在同样计算传球数的任务下，通过视觉追踪器观察他们的视线移动和停留时间，被试的眼睛其实看了大猩猩Gorilla一秒钟。但是他们仍然报告没有看到大猩猩！他们对Gorilla视而不见。多么奇妙的结果啊，你只有注意到，才能看到。并不是进入你眼睛的所有信息都会被大脑处理，那些不被大脑处理的信息和刺激，自然就被我们忽视了。

为什么开车不能打手机？

当用户聚焦于一个任务时，对于其他“干扰”信息就会无视。

美国犹他州立大学教授斯特雷耶曾在实验室环境下做过一项汽车驾驶任务实验。之所以在实验室进行，是因为类似这种实验关乎被试的人身安全，而且在实验室中，也能通过设备模拟较为真实的驾驶环境。研究团队选取了40名志愿者，让他们在驾驶模拟器内完成4种不同状态的驾车任务：完全不受干扰、打手持电话、打免提电话、微醉。通过实验发现，无论是手持还是免提，开车时打电话都会使司机反应变慢，驾车更容易偏离正常路线，其中还有3名志愿者出现追尾事故。研究中还发现，虽然醉酒司机开车开得更猛，却没有出现事故。“这并非鼓励人们酒后驾车，而是表明开车打电话可能比酒后驾车更危险。”犹他州立大学心理学教授德鲁斯说到。

斯特雷耶和德鲁斯（Strayer & Drews，2007）综合论述了人们在使用手机时更可能看不到交通信号、行人和其他关键信息。但是有趣的是，在听收音机或是歌曲时，我们的驾驶任务就不会被干扰。斯特雷耶和德鲁斯认为，参与谈话需要更多的中枢认知功能，这会让我们的脑不能应付其他的感觉信息输入。当一个人用手机讨论某件事情时，他思考着，并期待着对方的回应。这样就加重了认知的负担，从而忽略了行驶状况。而听收音机和音乐则是驾驶过程中的放松行为，不需要过多的认知参与。斯特雷耶和德鲁斯还提出，和车上的乘客谈话并不会分散太多的注意力，因为乘客会根据行驶情况调整谈话，甚至会提醒司机注意驾驶时的问题。毕竟，他也在车上。

第七章　知觉的逻辑

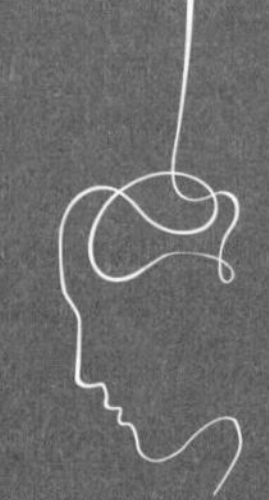

夏日的午后，当我们仰望天空时，发现天空聚集了很多云彩，我们马上会带上雨伞，以防下雨；当我们看见山间满树的桃花，会想到夏日来临，便可以摘下香甜可口的桃子；当我们看见太阳在山脊徘徊，我们知道暮色将要降临，得赶快回家享受妈妈做的美味晚餐；当风沙过大时，我们自然会眯着双眼走路，以防沙子进入我们的眼睛。在日常生活中，我们无时无刻不在感受着，人类作为高等动物的“智慧”之处。跟其他动物相比，在很多方面，我们似乎都天赋异禀。

然而我们这些条件反射似的知觉，是来自于先天，还是来自后天的经验习得呢？

一部分心理学家认为，我们对世界的知觉，都是建构性的（constructive），他们认为我们通过选择刺激，并将感觉与记忆相融合，从而“建构”出了知觉。

回忆一下，我们看见云就想到下雨，可能是小时候背过“云对雨，雪对风，晚照对晴空”吧；我们看见桃花，知道它能结果，是因为我们曾经看到过它；躲避风沙的眼睛应该是小时候进过沙子后吃一堑长一智的教训；而太阳下山，代表着暮色降临，是因为大自然每天都这样，所以我们已经很有经验了……

1886年，赫尔曼·冯·亥姆霍兹提出经验在知觉中非常重要。通过运用对环境的先验知识，观察者提出关于事物存在方式的假设或推论。例如，我们会把四条腿穿过公园树林的动物看成是狗而不是狼。因此，知觉是一个归纳的过程，是从特殊的影像推断其所表达的一般客体和事件类别。由于这种过程处于我们的意识觉知之外，故被称为无意识推理（unconscious inference）。通常，这些推论过程很管用。然而，当特殊境况允许对同一种刺激有多重解释，或者当要求做出新的解释而观察者却仍喜好旧的、熟悉的解释时，错觉就会产生。

除此之外，赫尔曼·冯·亥姆霍兹还将知觉分解成两个阶段。在第一阶段，即分析阶段，感觉器官把物理世界分析成一些基本的感觉，比如味觉、触觉……第二阶段即整合阶段，指的是我们把这些感觉单元整合成对客体和其属性的知觉。因此，他认为，我们是在对世界有一定经验的基础上学习如何去解释感觉。而往往我们的解释是对知觉有根据的“猜测”。

建构性知觉的理论释义有这样一个前提：在知觉过程中，我们会根据自己的感觉和记忆，对知觉对象提出假设并加以检验。因此，知觉就是进入我们感觉系统的内容与通过经验获得的对世界的了解的结合作用。

建构主义者们还认为，原始刺激的模式发生这些改变时，我们仍然可以准确认出它，这是因为无意识推论（unconscious inference）过程的作用。在此过程中我们同时整合来自若干渠道的信息以建构知觉。并且他们还认为：头脑中提供的丰富知识与眼睛以及其他感觉器官提供的原始感觉输入对我们的知觉同样重要。该理论与感觉加工中的“自上而下”的观点密切相关，且为许多从事视觉模式识别的认知心理学家所支持，例如 Jerome Bruner，Richard Gregory 和 Irvin Rock。

自上而下加工也是概念驱动，是指你先知道客观事物的概念，然后再想到事物的具体属性，比如你有“苹果”这个概念，你就知道苹果是水果，有核，甜的，类圆的，红的这些属性。俄罗斯设计师 Berik Yergaliyev 的空气清新剂包装设计（图 7-1），共有三种香型：柠檬、草莓和冰霜，通过对外观和造型的直接显示，顶部采用柔软的橡胶材质，使用时好像在挤压真正的水果，消费者在看

图 7-1　空气清新剂包装设计，Berik Yergaliyev

到这些造型时尚的产品后，未使用就能提前在大脑里描绘出它们各自“真气味”的感觉。也就是说，通过一种自上而下的加工方式，首先在头脑里形成了柠檬、草莓、冰霜的概念，在对其进行加工产生甜的、清新的概念属性。

如果我们也赞成这样的说法，那意味着，我们之所以会把钥匙插在孔里，是因为我们之前见到过类似的行为，有过相似的经验。因此，当我们见到钥匙和孔之后，才会自然地将二者联系起来。以上就是间接知觉理论（图 7-2），它强调知觉是一个多层次的信息加工过程，是一个假设—检验的过程。知觉是实现当前刺激与人脑中已经有的知识、经验、兴趣、爱好相互作用的结果，是一个积极、主动的过程。

图 7–2　间接知觉理论认为，我们之所以会用钥匙插在孔里开锁，是因为我们的记忆中有钥匙插在孔里的经验

而与间接知觉对应的是直接知觉：知觉是直接从外界刺激中提取有效信息而生成的。外界环境为我们的知觉提供了所需的所有信息，知觉过程是自下而上的，是由感觉而生成知觉的。

由"觉"而"知"

完形心理学的主要倡导者考夫卡（Kurt Koffka）发现，我们看到食物，就会想吃；看到水，就会想喝；听到打雷，就会害怕……因此，像食物、水以及雷声这样的东西就提供给我们知觉的基础。

考夫卡隐隐约约所感觉到的事情，在后来的认知心理学家 James Jerome Gibson 那里，变成了更为明确的理论。那就是跟间接知觉理论相对的——直接知觉（direct perception）理论。Gibson 认为环境中的信息是如此丰富，人对外部世界的知觉可以是直接产生的而非整合的，并强调人与环境的交互。他认为自然界的刺激是完整的，可以提供丰富的信息，人完全可以利用这些信息，对作用于感官的刺激产生与之相对应的直接知觉经验。

在 20 世纪 60 ～ 70 年代，诸如 Gregory 和 Neisser 等大多数的知觉理论学家都假设视知觉的中心功能是让我们识别和再认识身边世界的物体。为了实现这种功能，我们要完成大量认知过程，我们需要从视觉环境中提取信息，将之与存储在记忆中的物体信息关联起来。Gibson 认为这种理论在根本上是错误的，部分原因是这些认知过程与真实世界中的视知觉关系相当有限。他认为，视觉对我们行动的影响不需要任何复杂的认知加工过程参与，Gibson 强调知觉的首要功能是促进个体与环境的交互作用。[1] 实际上，这种观点认为刺激所包含的信息足以产生正确的知觉，知觉不需要内在表征。感知者要做的微乎其微，因为世界提供了太多的信息，很少需要去建构知觉并进行推断。知觉就是直接从环境中获得信息。人只需要认真地倾听环境中所发出的声音，就能感知到它。

1904 年，吉布森（图 7-3）出生于俄亥俄州，他是家里的长子，有两个弟弟。因为父亲在铁路部门工作，因此小吉布森和他的家人经常有机会旅行，最后他们在芝加哥定居。1928 年，吉布森在普林斯顿大学的心理学系获得博士学

[1]　M·W·艾森克等．认知心理学 [M]. 上海：华东师范大学出版社，132 页。

图 7-3　James Gilbson，1904-1979，著名心理学家

位。他被认为是20世纪视知觉领域内最重要的人物之一。吉普森相信人的知觉是直接并且有意义的。他用Affordances来讨论知觉的意义。这里的Affordance指的是通过一个特殊的物品或者环境提供行动的机会，有国内学者将其翻译为“功能承受性”。Gibson宣称物体所有可能的用途都是可以被直接知觉到的。例如，一张桌子可以提供放物体的功能，一把椅子可以承担坐的功能。Gibson的Affordance中，“识别”是非常重要的一步，他曾说：“在一个社区的邮递系统内，邮箱承担给写信人寄送信件的功能。当一个物体被识别为邮箱时，它的Affordance就被知觉到了。”[1]可见，识别是人与环境，或者说是物体交互的第一步。而绝大多数的物体不止一个Affordance，人的当前心理状态决定他接受哪项Affordance并受它的影响。饥饿的人看到一个柿子会知觉到它是食物，会吃掉，而一名愤怒者会将柿子当成武器，砸向别人。嗯，是的，我亲眼见证了我的两名舍友将柿子当成武器的完整过程。而我，就是那名旁观的、饥饿的人。

吉布森假设大多数知觉学习在人类进化过程中就已经发生过，因而在个体的一生中并没有再次学习的必要性。吉布森认为“我们是如何认识这个世界”这个问题的答案其实很简单。我们可以直接提取来自环境的感觉信息中的不变性或稳定性。没有必要去假设更高水平的知觉推论系统，即知觉就是直接的。尽管环境中每个客体视网膜像的大小会随着客体的距离和视角而改变，但这些变化不是随机的，而是系统的，物体反射光的某些属性在各种视角和视距条件下是保持不变的。

吉布森曾推断，线条透视、相对大小等视觉线索与现实世界中的深度知觉无关。他在“二战”期间参与选拔飞行员时取得了支持性证据。他发现，在驾

[1] Gibson, J.J. The ecological approach to visual perception[M]. Boston: Houghton Mifflin. 1979.

驶飞机时，那些在深度知觉测试中得分较高的飞行员并不比测验成绩较差的飞行员好。由此可见，传统意义上的深度线索不足以完成现实情境中的知觉。

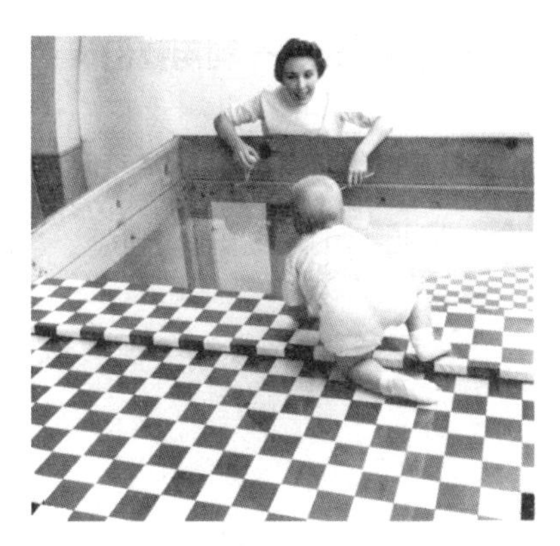

图 7–4　埃莉诺·吉布森进行的视觉悬崖实验

另外，在知名的视觉悬崖（Visual Cliff）实验中（图 7-4），同样是杰出心理学家的吉普森的妻子埃莉诺·吉布森（Eleanor Jack Gibson）同她的同事理查德·沃克（Richard Walk）一起，设计了一个实验，用来测试经验是否对深度知觉起作用。她制作了一个平坦的国际象棋棋盘样的图案，图案以一英尺的高度差异摆放着，并在图案的上方覆盖一层玻璃板，这样就可以营造出一个深度的视觉感，就像一个悬崖一样。他们测试了 36 个从 6 个月到 14 个月大的婴幼儿，全部婴幼儿都会爬行。婴幼儿被放在玻璃板的中心，他们的妈妈从悬崖的一侧招呼孩子。大部分婴幼儿听到妈妈的招呼时会从中心位置移动。许多婴幼儿都会凝视深度错觉的一边，不愿意爬过看起来像悬崖的一边。吉布森和沃克认为婴幼儿学会爬行的时候就已经具备了深度知觉。因此，他们认为，人类的深度知觉能力是天生的，而不是后天经验中所获得的。埃莉诺·吉布森的这项视觉悬崖研究，发表在 1960 年的美国《科学》杂志上。

Affordance——利用我们天性的设计

吉布森用了许许多多视觉的案例，证明了视知觉的先天性。这种先天性的本领，只需要一个 Affordance 便可以激发。唐纳德·诺曼作为一个心理学家兼工业产品设计顾问，敏锐地觉察到了这个理论与设计之间的密切联系。他借用这个观念解释了很多他自己的理论。1988 年，唐纳德·诺曼在《The Design of Everyday Things（日用品设计）》一书中，就已经将吉布森 Affordance 的理论运用于我们日用的工业产品的考察。为了强调与吉布森的差异，诺曼将吉布森的 real affordance 改为 perceived affordance，并将这个概念在他的书中进行了充分的说明。

而在最新的诺曼的《设计心理学——未来的设计》中，诺曼介绍了自己与一位里约热内卢信息学教授的学术讨论。这位教授名叫克莱丽萨·苏萨（Clarisse de Souza）。苏萨发邮件给诺曼说，不同意他对"Affordance"所下的定义。苏萨认为："Affordance 其实是设计者和使用者之间的沟通。"但诺曼认为这个概念所说的并不是沟通，他认为 Affordance 是一种既有的关系，它本身就存在，跟沟通没有关系。

但是后来诺曼（图 7-5）又承认自己错了，并且提到苏萨的想法在她的书《符号学工程》（Semiotic Engineering）里面进行了拓展。最后，诺曼赞成苏萨的说法。并且在她书的封底写到："一旦涉及被认为是设计师、产品以及用户之间的'共享沟通'（shared communication），而科技只是媒介，那么，设计哲学整体就会发生积极的、建设性的重大改变。"诺曼自己也提到："在人的一生里，我们碰到成千上万的物品。然而，大部分情况下我们都知道如何去使用，无需学习，毫不迟疑。面临一种需求时，我们通常都能够设计相当新奇的解决方法，有时我们称之为'黑马'（hacks），就像把纸张折叠以后垫在桌脚下使桌子平稳，把报纸贴在窗上以蔽日。多年前，当我在思考这个问题时，我意识到答案应该与某种形式的内隐沟通有关。我们现在就称这种沟通形式为'示能'。""'示能'

并不是物体一成不变的性能，它是物体与作用之间拥有的一种关系。进一步说，根据吉布森的定义，无论‘示能’是否明显、是否可见，或是否被任何人发现，它们都普遍存在。你是否知道它无关紧要。”

图 7–5　Donald Norman 在国际会议上发言

“在当今的设计中，提供有效的、直觉的‘示能’非常重要，不管是咖啡杯、烤面包机还是网页。而在设计未来产品时，这些‘示能’尤为重要。当未来机器是自动化的、自主的和智能的时，我们需要依赖只觉得到的‘示能’信息来告诉我们，如何与机器进行沟通。同样重要的是，机器也要以此与外界沟通。我们需要‘示能’来进行沟通：这就是苏萨和我进行讨论的重要性以及她从符号学方向研究‘示能’的重要性。”

诺曼真的错了吗?

在书中，诺曼承认自己错了，Affordance就是指设计师和用户之间的沟通，并且认为这样的沟通对于好的设计产品非常重要。但是，我们知道Affordance一词本身来源于吉布森的直接知觉理论，而诺曼也是这个理论的倡导者，他对这个理论的理解，并不是做做设计实践就可以理解的。因此，我们不禁怀疑，诺曼真的错了吗?

诺曼对Affordance这一概念的阐发，引发了设计艺术界的极大关注。中国的设计师们也不断从中借鉴。因此有关Affordance的中文翻译非常之多，其中包括可用、可供、示能、能供性，等等。贡布里希主要致力于在艺术设计作品及创作实践中发现人类视知觉的相关问题,在一篇与吉布森讨论的文章中，他也指出“视野乃是人们长期习惯把世界看作是一幅图画产生”、“我和吉布森一样，相信视觉阵列（visual array）一般包含着我们感知各种边缘和实体所需要的全部信息。如果不能把直线看成直线、把平面看成平面，我们马上会觉得悲伤。”“换言之，对封闭范围知觉也可能有其自身的法则和规定，而不是纯粹的文化发展。”

除贡布里希以外，一般对Affordance的分类方式有第一类，即物体形式本身的Affordance，比如我们看到旋转的按钮，表示我们需要旋转；看到球体，表示可以滚动或者抛掷；看到孔，表示可以插入……第二类：物体的材质会提醒我们，比如公交车等上面的玻璃窗，因其透明易碎的特点，表示可以向外看风景，并且遇到危急时刻，还可以打碎逃生。而这种分类来源于1991年，William. W. Gaver将Affordance延展成Perceptible Affordance、Hidden Affordance、False Affordance、Correct Rejection。

我们列举一些关于Affordance的例子，会让您更好理解。Tomoyo Yoshida设计的这把尺子（图7-6）是一个拱形。中间的圆槽是专门设计出来提示使用者这把尺子的使用方法，手指按压（这就是一种提示作用的预设用途），当你把它压下去的时候，发现它能画出平滑的直线。这个设计的巧妙点在于不管尺子如何摆放，你都可以轻松捡起。

图 7–6　尺，Tomoyo Yoshida 设计

日本的设计大师深泽直人也对 Affordance 有一定的看法和研究，他消除了一种容易由 Affordance 引起的误会。深泽直人认为好的设计应该会被人在毫不自觉的情况下拾取出其 Affordance，而不是与印象等主观性挂钩，Affordance 强调知觉者的获取，设计也是，不应该由设计师去强加。比如这个场景：我们每晚回到家后，用钥匙打开房门后的第一件事是开灯，然后把钥匙放在固定的位置，以防自己忘记。针对这个需求，有些人设计了声控感应灯，深泽直人则设计了这款台灯（图 7-7）。它的底座是个托盘，盘状的形态提供了盛放物品的功能。每当你下班回家，把钥匙往托盘里一扔灯就会自动亮起来，拿出钥匙灯也就关上了。

图 7–7　台灯，深泽直人设计

虽然 Muji 的电饭煲（图 7-8）看起来十分单调，但是深泽直人注意到了其他设计师忽略的一个细节：当你盛饭的时候，你会用一只手拿着碗，一只手拿着饭铲。当你盛完饭，你准备把饭铲放在哪里？在日本，直接将饭铲放在桌子上，是一种粗鲁的行为，所以 Muji 的这款电饭煲上带有一个“铲枕”。

图 7–8　Muji 电饭煲，深泽直人设计

通过埃莉诺·吉布森的实验，我们知道几个月大的婴儿已经有深度知觉。为婴儿完成一款产品设计时，我们也大可放心他们对其 Affordance 的探索。其实我们从婴幼儿开始就与自然界形成 affordance。当手臂向身体收拢，手掌曲合，手指收起，皮肤纹理与物体接触，在生物力的作用下产生手与物品的摩擦力，抓握就形成了。抓东西、拿东西似乎成为了人类的一种天性。但普通的玻璃奶瓶和塑料奶瓶表面太光滑，不能提供很适宜的摩擦力，体积又相对较大，婴幼儿就很难抓住。如图 7-9 这款奶瓶固定器名为 Ba，由 Jason Martin 和 Carl Jonsson 设计，外形为一个镂空的笼子，表面经过圆角处理，使用时将奶瓶塞到固定器中央的孔内，婴幼儿在不自觉地抓取 Ba 时就可以将奶瓶牢牢抓稳。既方便了婴幼儿抓住奶瓶，又避免摔碎奶瓶，一举两得。

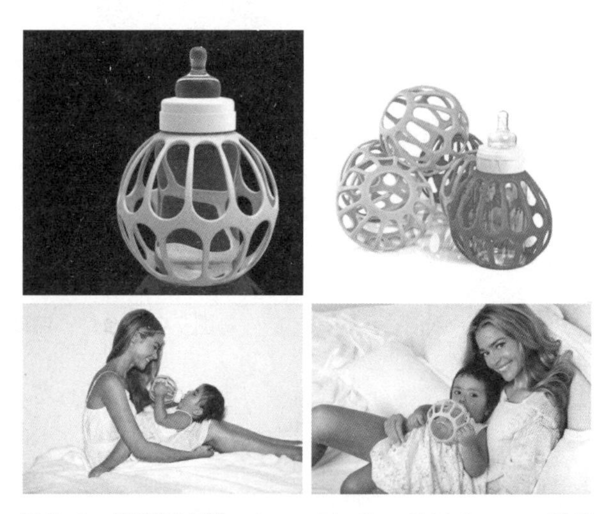

图 7–9　奶瓶固定器，Jason Martin，Carl Jonsson 设计

这款名叫“钧”的移动电源（图 7-10），利用了人会把较圆滑细长的一端作为底部插入容纳器中的 Affordance，比如说我们会习惯性把伞头插入圆筒而不是伞把，把笔底端插入笔筒而不是笔盖端。在使用完“钧”后人们会自然地将无棱角的“U”形一端做底放入口袋，顺着布料轻松滑入口袋中，并且保证输出口朝上。

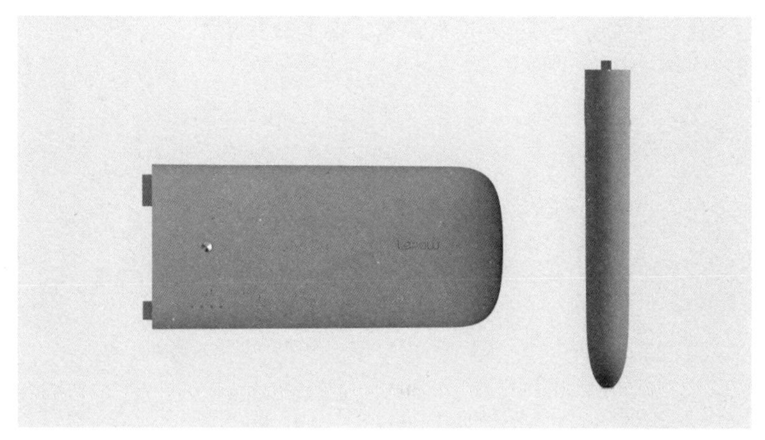

图 7–10　Lepow 钧移动电源

前面我们曾提到了直接知觉和间接知觉。一般都认为直接知觉和间接知觉理论都很好地阐明了知觉，只是它们侧重于不同的加工阶段。直接知觉理论对于我们理解知觉的重要性有两点。第一，它引起了我们对于感觉刺激重要性的注意，它提示我们，这种加工是简单的、直接的，而且认知与知觉都是自然的、有生态意义的现象——该立场与信息改头换面的认知进化观吻合。第二，如果说直接知觉可能会帮助我们理解对感觉印象的一些早期知觉的话，建构性知觉理论则有助于理解感觉印象是如何被理性的大脑所理解的。人类在知觉“现实”时表现出来的演绎推断能力不仅有助于理解不完整的刺激，而且对于物种生存而言也是必要的。

其实所有物种在经历过漫长的进化和适应后，形成了一种极强的认知系统。当我们面对自然界中已存在实物时，我们是能够很好地完成我们的认知过程的。而当我们面对形形色色自然界不存在的人造物时，情况就有些不同了。事实上，只要不涉及电脑等跟“屏幕”相关的物品，即只要是日常生活的非数字化物品及工具，基本不会造成我们的认知困难。我们拿起钥匙开锁；我们看到球会踢一脚；我们看到把手，便知道要拉；我们看到锯齿状的工具，便知道那很锋利……

但是，我们看到一个内容丰富的屏幕，会怎么反应？

三种人造物

午后阳光暖洋洋，

我们慵懒地躺在草坪上，

和草儿花朵一起享受着无尽的日照。

旁边孩童在玩耍，

他们的父母则有的倚靠在树旁，

有的坐在大石上。

一个女孩走过，

瞧，她在捡起蒲叶遮蔽着太阳。

多么美妙的景象啊！我们看到郁郁葱葱的草坪就忍不住想去躺下，放松自己（图 7-11）。草坪是一个巨大的平面，它为我们提供了躺下的指引。树木像坚实臂膀一样提供给我们依靠，大石光滑、不沾泥土，为我们提供了坐下休息

图 7–11　草坪上的人们

的语义。硕大的蒲叶举起，即可遮蔽阳光，也可以遮挡小雨。大自然给予了这么多的便利功能，以至于我们不假思索，就可以拿来使用，丝毫没有任何困惑。我们利用自然，已经变成本能，这种本能帮助我们生存、生活。而我们为了欲望与占有，又创造出了许多人造物，它们或像自然界一样容易理解和使用，或是像某种超自然现象，让人困惑不已，着实头疼。

对自然界的外显特征利用

人造物的产生，大多源于对自然界的学习。跟 Affordance 相关的人造物，实际上可以划分为三类：第一类是对自然界的外显特征利用。比如说我们看到自然界中的草坪就知道它可以躺、可以坐，我们思索并将草坪这种特征引申为“平面”，由此设计出了各色的床和椅子；我们看到凹陷处可以存水，荷叶卷曲可以装水，竹节刨开可以汲水，我们就设计了种类繁多的杯和壶；我们看见竖直的立面，就要靠过去休息，这个东西太自然、太本能，以至于不得不在地铁车门上写明“禁止倚靠”（图 7-12）；一个管状物的出现，不管它是直的或是弯曲的，我们都会有意识地去抓握，它可能是笔，是刀剑，是扶手，是方向盘……只要与自然界中的特征直接相关的产品，便自然地提供给了我们一个 Affordance，我们使用起来完全没有认知障碍。

图 7-12　地铁车门禁止倚靠

在需要通过外观表明使用方式的设计中，充分利用人类在自然界中的生存经验，是个很聪明的做法。诺曼在他的《日常产品的设计》中提到门把手的设计问题，如果是推的操作，提供一个平板就好，如果是拉的操作，提供一

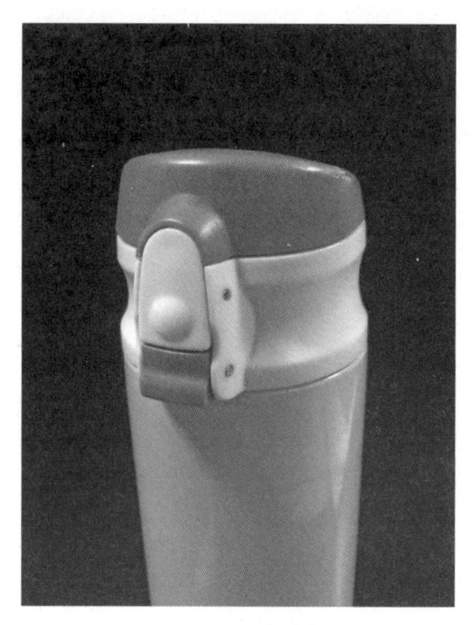

图 7-13　保温杯

个管状物就好。这就是利用了我们在自然中积累的Affordance。我们身边有太多太多这样的例子，我们生活中的用品越来越复杂，我们对它们的要求也越来越高。你手里是不是也有这样一个杯子，它可以单手操作，也就是说，单手就可以拿起杯子并打开杯盖。这是不是很方便？（图 7-13）可单手操作开盖保温杯是我们日益挑剔的需求的一个样本，用户下达了设计命令，设计师照做。管状物提供抓举的Affordance，我有经验！毫不犹豫地拿起了它，但上面那个小装置，着实令我研究了一会儿。突出的一个部件，上面有凸起的造型，分明是要我按下啊，等等，怎么按不动呢，两步操作？原来是有个解锁的功能。先拉下保险栓，再按压，啪！成功了。之后我又询问了几个人，如果以前没有使用过，这个巧妙的操作还是需要摸索一分钟的。两个凸起的部件提供了我们按下的Affordance，但并没有表明先后顺序。如果在开关部件上去掉凸起呢，让它回归平面的状态，这样我们就只有唯一的凸起部件以供按下，第一步操作完成；保险打开的同时，开关微微翘起，看，它凸起了，那么按下，啪，杯盖打开。我们对自然界外显特征的利用不只停留在形态上，自然界中的色彩、声音、味道，也为我们提供了很多可供积累的Affordance。我们的前辈生活在草原上，山林中，那里满眼都是郁郁葱葱的绿色。这绿色为他们提供食物，为他们提供材料，也为他们提供避难所。这绿色充满善意，可供亲近。久而久之，人类在约定俗成下，将绿色设为通行色，有绿色亮起，就说明这个地方是可接近的，这个物体是安全的。

在狩猎和部落战争中，难免死伤。那从伤口汩汩冒出的鲜血，预示着疼痛与哀伤。现在我们身边的许多人，看到血仍然会感到晕厥、吓到腿软。我们对鲜血的颜色——红色，有种近乎本能的逃避，它是自然界赐予我们的色彩 Affordance。它承载着躲避、重要、警觉的意义。我们在公共产品的设计中经常能看到红色的物品：交通灯、消防栓、营救器材等等。人类在长久的进化和生活中，向自然界学习了颜色的众多语义，在荒野中求生、茫原下生长，我们需要牢记这些大自然发出的讯息。在造物的过程中，我们将自己熟记的颜色信息赋予它们，以便让我们的同类能快速识别这些信息，更好地利用这些人造物。

图 7–14　潮汐 App 截屏

声音是由于物体振动引起的，它提供给我们的 Affordance，对我们的行为往往具有情绪上影响力。猛兽的嚎叫声会令我们惊悚，肌肉紧张之余头脑一片空白。而自然界中的风声、雨声、鸟叫声，都会令我们心情沉静下来。这些声音千百年来都向我们传达着“这里很安全”的信息。我现在手机上的 App 里有一款叫做“潮汐”的软件(图 7-14)，它能放出雨天、森林、咖啡馆中的不同音效，在这些声音的催化作用下，我能静下心专注于眼前的工作。当然你还可以购买名叫 Joe 的实体白噪声生成器（图 7-15）。这款能产生白噪声的音箱也是利用了这种特性，它的目标受众是由于噪声而无法集中注意力工

图 7–15　Joe 生成器，Schimitt Nicholas，Helene Casado 设计

作的人，产生的白噪声能够抵消嘈杂的声音。

无论在幽静的角落，还是在闹市的中心，咖啡馆里总是萦绕着模拟自然界中轻松而又节奏缓慢的音乐，那缓慢的节奏所提供的Affordance就是让我们坐在窗边，细细地回味或者憧憬人生的各种来来往往。

不管是想表达饿了，还是想争抢妈妈的怜爱，婴儿的哭闹总是令人不安。可能是他们从呱呱坠地之始就怀念母亲子宫中的温暖与安全吧。设计师利用婴儿对子宫的眷恋，借鉴子宫中的声音，发明了带有让宝宝安静入睡的音频的产品。这种音频可以装载到手机中播放，也可以结合婴儿床，在床摇摆时发出。

其实不管是"潮汐"App中的声音还是婴儿入睡时听到的子宫声，都是一种"白噪声"。白噪声（white noise）是指功率谱密度在整个频域内均匀分布的、所有频率具有相同能量密度的随机噪声。白噪声或白杂讯，是一种功率频谱密度为常数的随机信号或随机过程。换句话说，此信号在各个频段上的功率是一样的，由于白光是由各种频率（颜色）的单色光混合而成，因而，此信号的这种具有平坦功率谱的性质被称作是"白色的"，此信号也因此被称作白噪声。[1] 白噪声并不是噪声，它是一个良好的信号频率，是一种理论建构，白噪声充满整个人类耳朵可以听到的振动频率，可以帮助我们放松或睡眠。我们的生活中充满声音和噪声干扰，如轿车鸣喇叭、工地施工、邻居的吵闹、警报器和某些人的大喊大叫。这些嘈杂的声音都可以通过白噪声加以遮蔽。典型的应用是，办公室背景噪声非常低，在办公位打电话的声音会影响隔壁位置的人工作，这时就可适当增加白噪声覆盖其细小的谈话声，而你不会察觉白噪声的存在。

[1] 白噪声在室内声环境设计中的运用，李正文，朱毅，住宅科技，2015-4，44

对自然界内在运行规律的利用

跟 Affordance 相关的人造物，第二类是对自然界内在运行规律的利用。我们在自然界中努力过活，久而久之，我们积累了丰富的应用知识和技巧。先行智者发现自然界中规律，我们也不甘于对自然的直接利用，开始了利用自然界的原理来创造人造物。鱼儿在水中有自由地游来游去的本领，人类非常羡慕，就模仿鱼类的形体制造船体，以木桨仿鳍。相传早在大禹时期，我国古代劳动人民观察鱼在水中用尾巴的摇摆而游动、转弯，他们就在船尾上架置木桨。通过反复的观察、模仿和实践，逐渐改成橹和舵，增加了船的动力，掌握了使船转弯的手段。这样，即使在波涛滚滚的江河中，船只也能航行自如。

更令我们艳羡的是，鸟儿展翅可在空中自由翱翔。《韩非子》记载鲁班用竹木作鸟“成而飞之，三日不下”。比起木鸟腾空，我们更希望仿制鸟儿的双翅使自己也飞翔在空中。早在四百多年前，意大利人列奥纳多·达·芬奇和他的助手对鸟类进行仔细的解剖，研究鸟的身体结构并认真观察鸟类的飞行。设计和制造了一架扑翼机，这是世界上第一架人造飞行器（图 7-16）。

不管是鸟儿还是蝙蝠，它们给我们提供了自然界的 Affordance：飞机模仿了鸟儿空气动力学 Affordance，雷达学习了蝙蝠的声波 Affordance。在人类对自然界内在运行规律的利用而创造的产品中，我们发现如果使用者不了解创造者所利用的规律和原理，那么他就会对产品产生困惑。自然界中的规律是一般化的概念，并不会对这类人亲近，而对那些人疏远。它一视同仁，只要你了解并掌握，你就能很好地利用它们。所以我们在学习使用这类产品时需要学习它们创造时的背景知识——自然界的规律。可以说你对物理、化学、

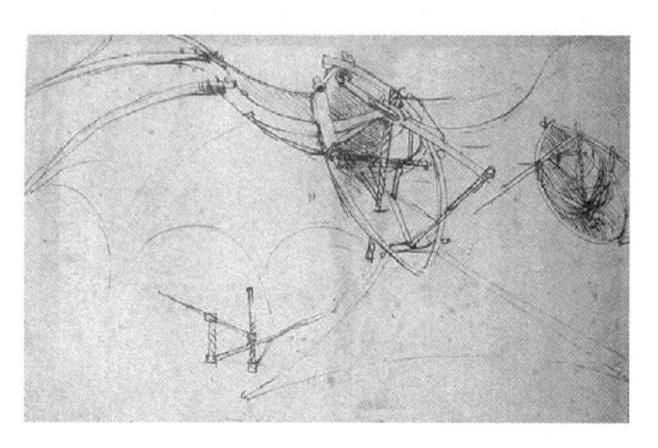

图 7-16　达芬奇设计的飞机整体构造草图

生物的知识掌握的越好，你就越能方便地使用这类人造物。

如图 7-17，如果你拿到这么一款产品，你知道它是做什么用的吗？在野外生存情况下，我们很快发现水是决定我们生存与否的关键因素。是否拥有没有化学和生物污染的纯净水意味着你能否活下去。在生存专家看来，或许有很多方法能获得一定数量的水。但是在有些情况下，似乎并没有干净的水可用（例如，只有盐水的情况或者有很多植被却缺少水的情况下）。这时，你可以使用如图 7-18 的方法和一些装备来做一个简易的太阳蒸馏器来取水。如果你了解这种蒸馏水的方法，你是不是就很容易明白图 7-17 中那个产品的功能呢？它是将脏水放到内部黑色的圆盘中，通过太阳光照射让水蒸发，水汽凝结到透明薄膜壁后流下汇集到边缘的储水槽中。整个产品是充气而成，便于携带。原理同野外求生者使用的方法一样，只是设计师将其巧妙地转化为一个便携的产品。

图 7-17　野外蒸馏水装备

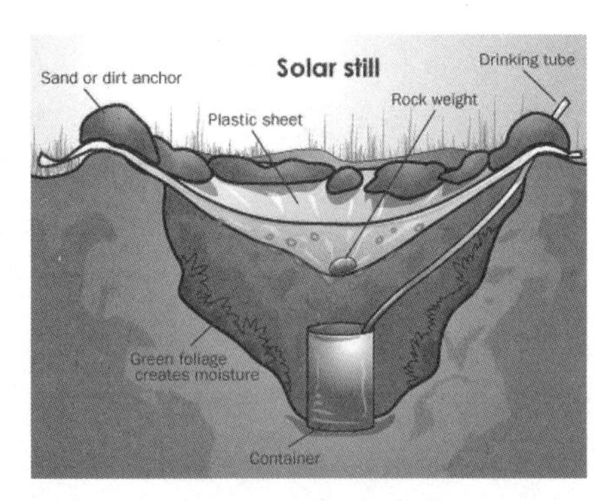

图 7-18　野外求生者获取洁净水的方法

图 7-19 中这款 LifeStraw 便携滤水器看起来比上面的产品简单很多。LifeStraw 是一个管状物，将两头的塞子拔下，就会发现一个吸嘴口，另一端当然就是放入脏水中的进水口了。管状的形体提供了握住的 Affordance，只留下语义很鲜明的吸嘴口和进水口，将用户不熟悉的原理部分统统密封在不透明的管子中。而它的原理，是多孔结构的活性炭去除异味改善口感，用离子交互树脂（含

碘）去除重金属、软化水质。LifeStraw便于携带和操作的体验，十几美元的低廉价格，使它成为Gizmag网站、《时代》杂志和世纪发明评选的2005年最佳发明。年龄稍长或者较肥胖的人群，入睡时很容易打鼾，这不是自己所能控制的，谁能在沉睡时百分百地控制自己的生理能力呢？人的咽喉上方的肌肉——这块肌肉是导致鼾声出现的主要原因：当肌肉处于放松状态，松懈的组织将会阻碍用户的气管，让空气的输送不那么顺畅。Nora止鼾器的原理（图7-20）则是运用了这种人的生理机能特性，当传感器接收到鼾声，会刺激并收紧垫片从而轻微改变枕头的高度，进而导致用户头部的朝向发生改变，微微刺激呼吸道肌肉，让喉管再次恢复畅通。轻度的调整不会影响使用者的睡眠，也可以达到止鼾的目的。Nora止鼾器分成“枕头垫片”、“床头感测”两个部分，将垫片放入枕头下方，传感器放在床的附近就可完成安装。

图7–19 LifeStraw便携滤水器

下面是一个神奇的保安全的门阻器（图7-21）。DoorJammer门阻的背面是一个有铰链的支脚，通过一个螺丝杆固定在底面。通过铰链结构达到力的转化传递，门的水平推力就能转化成地面方向的垂直力。因此无论从门的另一面使用多大的力，都无法将其推开。这个为独自在家的孩子提供了一个极好的安全保障利器。

在这类人造物中，它们已经不再是对自然界的外显特征模仿，人类在学习利用自然界内在规律的过程中，存在这一种“转述”，即将自然知识转述为人类语言。在这个转述过程中，既有客观自然知识的存在，又有转述者的思维掺于其中。想要使用者能很方便地读懂使用信息，既需要他对自然知识的了解，也需要他对人造物的制作者“转述”思维的了解。

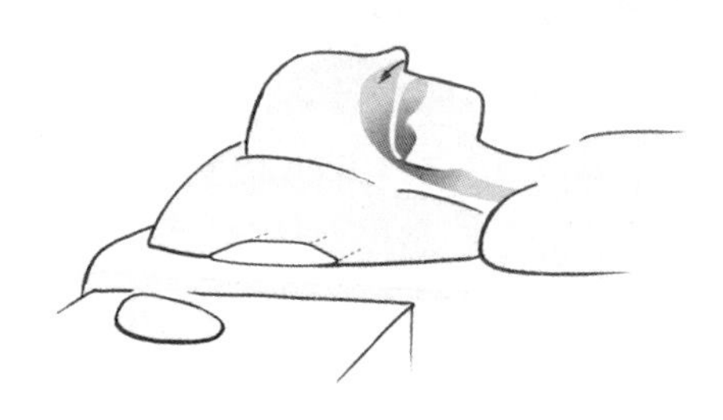

图 7-20　Nora 止鼾器

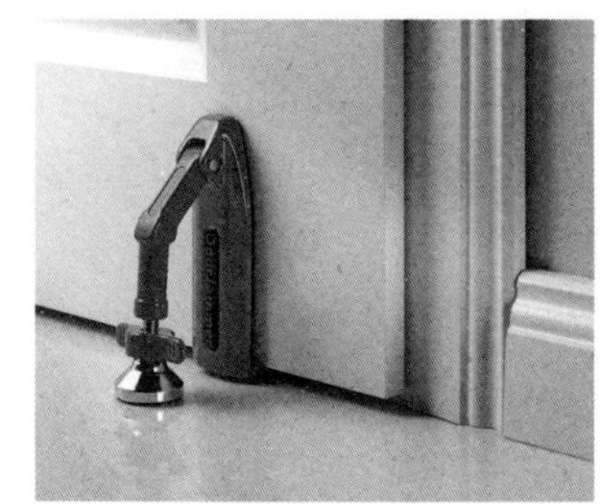

图 7-21　DoorJammer 便携防盗门阻

一名物理学家，他可能对声学、电磁学的知识很精通，但当他第一次面对雷达仪器时，他还是不能上手使用；一名深谙鸭蹼和鱼尾结构的生物学家，他很可能不会撑船、掌橹。为什么呢？可能是物理学家没有参与建造雷达，甚至没有拆解过它，他对雷达的内部电子构件与外部界面间的关系不了解。可能是生物学家根据自己的知识明白为什么橹和舵制造成那个样子，如何工作。但站在船上，才发现原来不能直接从水面上看到它，他不明白光溜溜的橹杆如何与水下那片曲面造型相对应。多么大的讽刺啊！我搞懂了神的思想，却看不透你的心。

我们面对这类人造物，似乎除了学习、再学习外别无他法。会使用它们的人足以感到自豪。没错，使用雷达，驾船驶橹就跟推车担担、剃头修脚一样，是门手艺。但这门手艺不是因为熟能生巧产生的，而是由于物品存在天然的使用壁垒。比起后者“匠人”样的手艺，他们更像是获得了某种特权的通行证。你想打破这种特权，除了自身对知识的掌握上付出努力外，还需要寄希望于造物者，让其用你能读懂的语言来“转述”这件产品。

什么是我们能读懂的语言呢？当然是第一种人造物使用的语言——对自然界外显特征的利用。有时设计师就要将复杂的原理深埋于“黑箱”之中，只给用户留下必要的使用操作指引。这就像 LifeStraw 滤水器所做的那样。

非物质社会下的 Affordance

Gibson 曾正确质疑了不准确的知觉常常是由高度人工化的情境制造出来的，当然他针对的是实验室环境下的心理学实验。Gibson 所说的这种高度人工化的情境，随着数字技术和互联网的发展，在我们的生活中越来越普遍。在这种人工化情境中，很少有自然界参与，人机对话的"机"通常也是完全由人类发明的非物质社会背景下的数字产品。它们不必利用自然界的外显特征，因此外观上可以毫无逻辑；也不必吸取传统的生理、物理、化学等方面的养料，所以几乎是凭人类的"一己之力"创造出来。只是它们似乎为了让人类能在历史的脉络里寻得语义延承，才屈尊伪装成不断更迭的低技术人造物。如果真是这样，我们真的应该感谢它们和创造它们的设计师，否则我们早已迷失在这个数字世界里了。

想想我们现在操作手机、观看电视、驾驶配备 17 英寸 pad 的特斯拉，这些或许在你看来自然而然的方式，其实也都是人工化的情境制造出来的。对于不熟悉它们的人来说，这些产品提供的 Affordance 并不能提供易懂的使用线索和示能。它们会对某些人，甚至是大部分的用户造成不准确的知觉，为他们的生活带来困惑。很明显，在操作方式上，数字化产品和其他传统产品有很大的区别。它们有时甚至很难提供给初次接触它们的用户一个 Affordance，使用户在认知方面更省力。比如图 7-22 中苹果的智能手表。当我们拿到这款手表时，如果没有经过预先学习，我们会如何操作呢？或许会迷茫得不知所措。

图 7-22　苹果的智能手表

Apple Watch

不过，不管怎样，现在我们已经步入了众多数字产品环绕的世界中，这标示着信息社会已经到来。这种以计算机和互联网技术作为技术支撑的社会模式称为"非物质社会"，而运用以"0"、"1"为基础代码语言进行的虚拟的、数字化的产品设计就是所谓的“非物质设计”。这些信息设计、交互设计、数字产品设计等，对于设计师来说都是全新的领域。这个领域内没有自然物，没有我们上面提到的对自然界外显特征和内在规律的利用、没有需要控制的材料、工艺、地理、水文、结构、力学……我们正在从一个基于制造和生产物质产品的社会扩展为一个同时基于生产物质产品与服务的经济性社会。这种扩展，不仅扩大了设计的范围，极大地增强了设计的功能和社会作用，而且导致了设计对象的巨大变化。设计的重心从单纯的物质生产中扩展出来，从有形的、实体化的，拓展到物质与非物质的共存。

而诺曼作为计算机和心理学教授，较早发现了信息设计中的非物质现象。我们从他最早关心物质世界日常生活中人造物的Affordance，到可以应用于非物质设计领域中的情感化设计的本能、行为和反思三个思想维度中就可以看出。信息设计，数字产品设计，只能通过将无形的信息可视化、可感化才能进行操作。在这个可视化、可感化的设计过程中，视觉化的展示要延承已知的affordance，声音和手势操作也要更偏向于人类自然的动作语义。一旦我们接近非物质设计的核心问题——一种完全抽象的人机对话的关系模式，我们就很难再从自然界中直接寻得Affordance的设计借鉴，而要开始人类自身的创造了。

目前，人机对话模式主要是数字化界面的形式。其实我们现在每天使用的数字化界面经历了一个从命令行界面（CLI）到图形化界面（GUI）的发展历程。CLI可以说是人机界面的远祖，哪怕是最远古时期的纸带式计算机，也同样是使用命令行的方式。可以说，命令行是最符合计算机工作方式的操作方式。在计算机发展的初期，由于CLI主要使用文本作为界面，对计算机的要求也低得多，因此得到了广泛的普及。以前计算机的DOS操作系统就是CLI的代表（图7-23）。我们通常需要查阅手册，然后用键盘输入命令行，再回车等待系统执行命令。我们的意图通常以命令+参数的方式精确地传递给

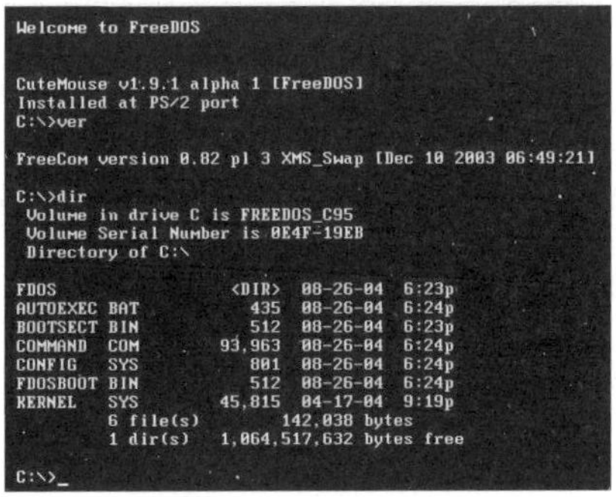

```
Welcome to FreeDOS

CuteMouse v1.9.1 alpha 1 [FreeDOS]
Installed at PS/2 port
C:\>ver

FreeCom version 0.82 pl 3 XMS_Swap [Dec 10 2003 06:49:21]

C:\>dir
 Volume in drive C is FREEDOS_C95
 Volume Serial Number is 0E4F-19EB
 Directory of C:\

FDOS             <DIR>  08-26-04  6:23p
AUTOEXEC BAT       435  08-26-04  6:24p
BOOTSECT BIN       512  08-26-04  6:23p
COMMAND  COM    93,963  08-26-04  6:24p
CONFIG   SYS       801  08-26-04  6:24p
FDOSBOOT BIN       512  08-26-04  6:24p
KERNEL   SYS    45,815  04-17-04  9:19p
         6 file(s)        142,038 bytes
         1 dir(s)   1,064,517,632 bytes free

C:\>_
```

图7-23 FreeDos系统

系统。所以 CLI 的工作方式也被称为“WYTIWYG”（what you think is what you get）。其实这种操作方式对于计算机来说是非常高效的，但是对人类来说实在不怎么人性化。因为从某种意义上来说，当用户面对着长长的参数手册时，他已经搞不清楚自己的意图到底是什么，这就更谈不上“所想即所得”了。所以当年也只有称为专家的用户才能操作计算机。

GUI 的诞生就是为了摆脱 CLI 的弊病，把软件的输入和输出都变得更加人性化，从而让软件变得更易用。GUI 丰富的图形为用户提供了视觉的操作线索，用户可以用更自然的方式与计算机进行交互；大量 GUI 软件的出现也大大降低了学习和使用计算机的门槛。如果说 CLI 适应了各种各样的计算机，那么 GUI 则适应了各种各样的人。总之，GUI 软件通过大量的图形元素和图形特效，从根本上改变了软件的表现形式，让“美”和“人性化”成为衡量软件界面设计的标准（图 7-24）。

比如，良好的 GUI 界面从视觉上为我们提供了 Affordance，将诸如“我的电脑”、“文件夹”、“垃圾桶”等控件以图示的方式传递给用户。用户可以通过鼠标，以更符合我们习惯的方式舒服地向计算机发出各种指令。这些设计最初被苹果公司应用到自己电脑的操作系统中，但由于硬件限制和苹果公司一贯的高价策略，GUI 长期被视为一种不必要的奢侈品，直到平民价格的“Windows”出现（图 7-25），GUI 才终于大行其道。

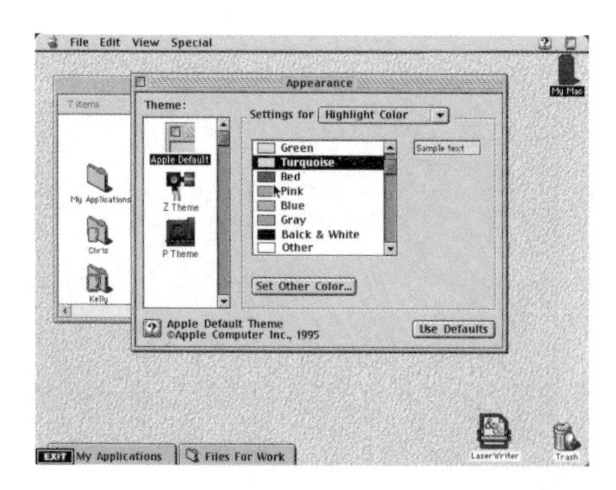

图 7-24　苹果 Project Copland 系统

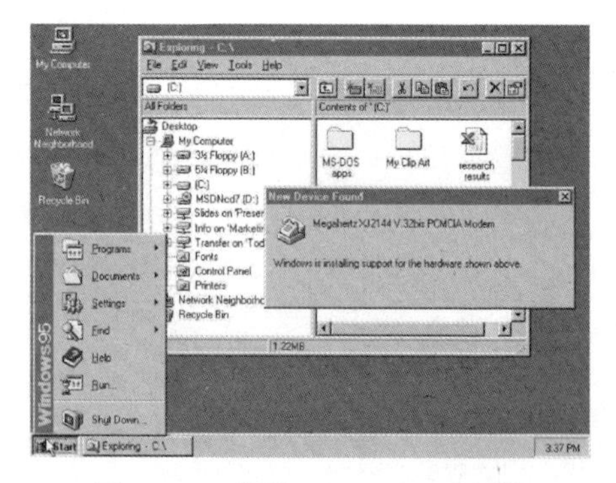

图 7-25　微软 windows 95 系统

虽然GUI比CLI的学习成本更低，但不管是CLI还是GUI，都要求用户必须学习预先设置好的操作。GUI在视觉上的模拟自然可以让我们更易学习，但这种只能在一个二维平面上模拟三维的效果，对很多人来说还是远不够那么自然。如果我们从人类与物品交互行为的发展上来看，这个脉络和现代的用户界面的发展非常相似。在社会形成初期，人们停留在原始交互时期，只能使用简单的手工具，如斧、铲、刀、箭等进行农耕和狩猎。在人类进化过程中，这类物质化的工具能被自然而然地传承下来。随着社会的发展，技术越精进，工具越复杂，我们发现自己受产品使用的抑制而不得不采取了需要学习成本的非自然交互方式。在面对非物质化产品时,我们更是感到以往的使用经验无处安放，数字世界的发展速度远远快于我们人类的使用经验的传承。但终究，技术是服务于人的，这种非自然交互的方式需要改变，我们想要回到那种自然而然就能使用产品的情境，重新建立自然式的人机交互方式。

自然式交互是指在人机交互的过程中，用户可以利用自己固有的认知习惯和行为方式来使用产品和计算机交流。自然式交互旨在提高交互的高效性和自然性。基于自然式交互理念发展起来的NUI（自然化用户界面）只需要用户使用诸如语音、面部表情、动作手势、移动身体、旋转头部等最自然的方式和计算机交流，从而摆脱键盘、鼠标。

NUI的产品尚属初期，目前我用得最多的NUI的交互形式是苹果的Siri，通过“Hi，Siri”唤醒她，然后可以跟她交谈，交代一些任务，比如说：向牟老师发送明儿上午九点开会的短信；询问她今天天气如何；打开相机拍照；发送邮件……但如果想进一步操作还是得进行触摸手势等操作。

今天，NUI正在朝着多感官、多维度、智能化的方向发展。视觉、听觉、触觉、味觉等多感官的融合需要计算机硬件界面设备的创新。从二维图形到三维形态显示，再到今天的动作输入和人工智能，更是依赖技术的飞跃。你可能会觉得，是技术将界面推动至此。但无论如何，对自然用户界面的衡量，都不应取决于界面的交互模式，而是取决于用户自身的体验。

但我相信将来的某一天人和机器的沟通效率会等同人和人交流的效率甚至

是超过。终于，人们可以不用参照人机交互的历史，就能将这些非物质产品“玩弄于股掌”。本质上，我们对待数字世界的手段，是将复杂难懂的计算机语言转化为我们人类熟知的形态。不管是信息内容的图形化设计，还是人机操作的自然化设计，在设计过程中，我们都需要挖掘人们头脑中出现的关于目标对象的形象。这种在人类观念中保持的客体形象以及客体形象在观念中复现的过程，就是我们将要谈到的心理表象。

第八章　设计的心理表象

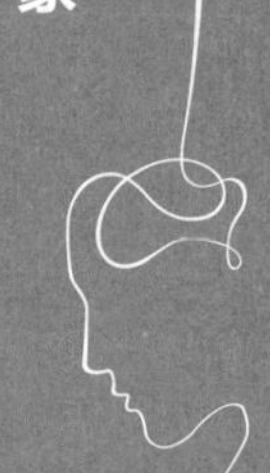

小时候,我们都读过白雪公主的故事。白雪公主是什么样子呢?故事一开始,便有关于白雪公主的外貌描写:

"王后坐在一个敞开的窗户边,冬雪像针一样刺破了她的手指,导致了三滴血落在雪地和乌木窗框上。她欣赏着三种颜色的混合变化,对自己说:'哦,我多么希望自己有一个女儿,皮肤像雪一样白,嘴唇像血一样红,头发黑得像乌木窗框。'不久之后,女王的确如愿以偿地生了一个女儿,她的皮肤就像雪一样白,嘴唇像血一样红,头发像乌木一样黑。于是,他们便给她起名叫白雪公主。"

当我们看完或者听完这个描述以后,脑海中便浮现出一位美丽的女子,她有着雪白的皮肤,血红的嘴唇,乌木般的头发。实际上,我们心目中想象的白雪公主就是一个心理表象。心理表象指我们对不在面前的物体或事件的心理表征。其实,这个总体定义不仅包含了视觉表象,也包含了通过其他感觉形式的表象。虽然这是一个含义广泛的定义,但是这里我们只讨论视觉表象,并且目前关于表象的研究绝大部分也都集中于该领域。

心理表象由于个体的不同,差异性会非常大。我们会从不同的视觉作品中,看到许多个不同的白雪公主。对导演来说,改编名著的电影,往往具有更大的挑战性。虽然作品的故事本身已经非常具有吸引力。但是一千个读者就有一千个哈姆雷特。每位读者对作品中人物的形象、事件的场景、空白情节的想象都有自己的理解,还会按照自己的理想去设定心理表象,而如果影片中的视觉传达没有表现出读者心目中的效果,那么就会让读者感到失望,很容易对作品产生厌恶感。比如与《白雪公主》相关的作品,观众接受度比较高的是迪士尼动画中的形象,如图 8-1。而历史上的多个其他的白雪公主并不那么受欢迎。

图 8-1　迪士尼动画片中的白雪公主形象

我们不光有平面视觉的心理表象，还有针对大千世界万事万物的表象。理论上讲，我们的视野越大，想象力越丰富，我们的心理表象也就越多。比如对于产品设计师而言，我们的作品有时是按照自己的心理关于这个物的表象所设计。在大工业背景下，设计师所设计的产品要为更多人使用，这又要求我们的产品不光要符合自己的心理表象，还要符合大多数用户的表象。原研哉在谈到自己对设计的理解时，曾描述过自己在设计中呈现心理表象的过程。比如设计一本白色的书籍，从封皮、扉页到正文分别应该采用什么质感的纸张？纸张白色的明度是否一样？书籍的尺寸多大最理想？书籍翻阅的顺序如何？……设计的过程，就是一点点地去呈现自己的心理表象的过程。贝聿铭也曾在卢浮宫金字塔形入口的建造过程中，抱怨建造方使用的支撑外层玻璃的钢筋支架过粗，影响了自己原本对这件作品的心理表象。他严正交涉，要求更换成视觉上更纤细的支撑件，来保证他作品的“轻巧”。

不同脑区有不同的表征方式

作为灵长类的遗传特质，我们的脑有很大一部分功能是加工视觉信息。[1] 在心理学研究领域，有越来越多的认知神经科学证据表明我们的心理表象活动存在于不同的脑区中。桑塔（Santa，1977 年）设计了一项心理学实验，来证实视觉表象的信息表征和语言表象的信息表征存在明显的功能差异。如图 8-2，桑塔将实验分为两种条件进行。在几何图形条件下，被试者要学习由三个几何图形组成的项目，两个图形排列在上面，一个在下面的中间位置上。我们看到，这组图形非常像人的脸——有两个眼睛和一张嘴。在学习了这组图形后，图形消失，被试者在心中记下图形信息，随后出现一组不同的图形作为测验项目，来让被试者判断这些项目中的图形是否与之前学习的项目相同。被试者在判断时，不需要考虑三个元素的位置是否改变，只要考虑元素是否一致即可。如图 8-3，我们看到，对于前两个测验项目，被试者的答案应该是肯定的，后两个应该是否定的。桑塔感兴趣的是肯定答案的测验项目，他预期被试者对第一个测验项目做出的判断速度要快一些，毕竟这个与学习的项目在空间图形上是完全一致的。桑塔假设，在学习刺激材料时产生的视觉表象能够保存空间信息。实验的结果证实了他的假设。当几何图形的测验项目保持了学习项目中的图形结构信息时，被试者的判断速度较快。

此后桑塔又进行了语言条件下的实验。这时，被试者学习的单词组的排列与几何图形条件下完全相同。然而由于这次是单词呈现的，所以材料不会被看成是人脸或其他图形。桑塔推测，被试者会按照阅读顺序，从左到右，从上到下的顺序阅读，并进行编码。此时，学习项目就可能被大脑编码成“三角形、圆形、方形”。在学习项目消失后，立即呈现测验项目，被试者要判断其中的单词是否与刚才学习的项目相同。在两个肯定答案的项目中，一个与学习项目完

[1] 约翰·安德森 认知心理学及其启示 [M]. 北京：人民邮电出版社，100 页 .

全相同，而另一个单词相同，但被排列成线性的顺序。桑塔的实验数据结果（图8-3）证实了他的两个假设：

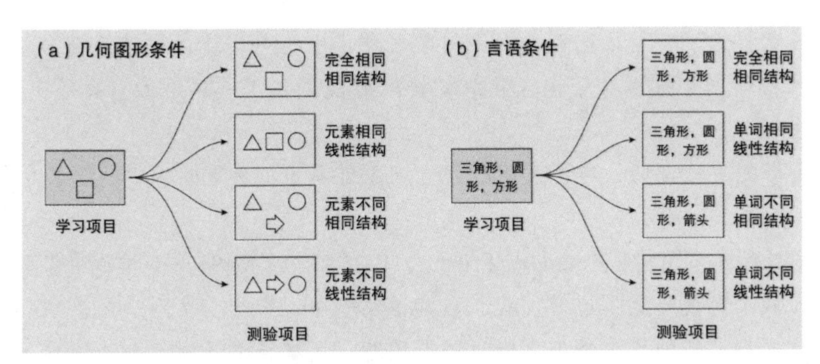

图 8–2　Santa 的实验程序证实了视觉信息和言语信息在心理表象中的表征不同。被试学习一个初始的项目，或图形或单词，随后要判断测验项目是否与学习项目包含相同的元素。几何图形如 a 所示，单词如 b 所示

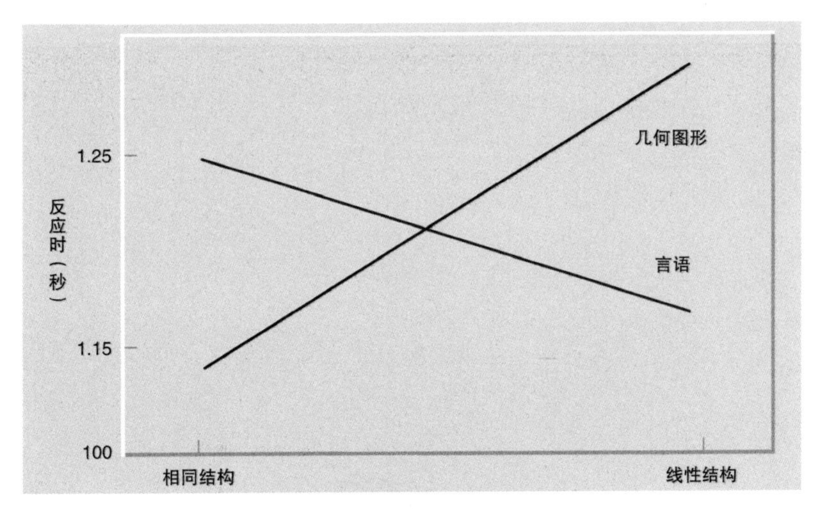

图 8–3　Santa 的实验结果

①在几何图形条件下，被试在图形结构相同时，做出肯定回答的速度要快于线性结构，因为对学习材料的视觉表象保留了空间信息；

②在言语条件下，被试在线性结构时做出肯定回答的速度快于相同结构，因为被试根据正常英语阅读的顺序对学习项目中的单词进行了线性编码。由此形成的心理表象被保存下来，在测试提取时就呈现了“三角形、圆形、方形”的顺序。

桑塔的实验说明，言语表象和视觉表象涉及不同的脑区，并且他们的加工方式不同。

罗兰和弗雷伯格（Roland & Friberg，1985）通过 fMRI [1] 对被试者多脑区表征活动做了大量研究。他们发现，在言语实验中，布洛卡区附近的前额叶皮层和大脑皮层后部的威尔尼克区附近的颞顶联合区都得到了激活，而这些区域正是语言加工区域。当被试者进行视觉任务时，顶叶、枕叶和颞叶皮层都有激活，而这些区域正是与视觉和注意力有关。他们通过神经学的研究也证实了言语表象和视觉表象涉及不同的脑区，并且以不同的方式表征和加工信息。

[1] 功能性磁共振成像 functional magnetic resonance imaging.

视觉表象

我们近80%的信息都是通过视觉获取的，如果说艺术的两大阵营——美术和音乐，谁更重要，我会毫不犹豫地说：是美术！因而对于大多数关于心理表象的研究都涉及视觉表象这个事实，我们就丝毫不感到吃惊了。与我们的设计工作关系最为密切的也是视觉表象。那么视觉表象是类似于视知觉的吗？为了解答这个问题，芬克（Finke，Pinker&Farah，1989）等人试图设计一项实验来研究人们是否能像识别见到的物体那样识别他们所建构的表象。他们给被试者读下面两句话：想象一个大写字母N，从它的右上角到左下角画一条连接线，然后将这个图形向右旋转90度，你看到了什么？

想象一个大写字母D，将它向左旋转90度，再在它下面加上一个大写的J，你看到了什么？

在被试者听到以上两句话后，进行了想象。在第一句中，被试者看到了一个沙漏，在第二句话中，被试者看到了一把伞。来试一下吧，你也能看到这两个图形吗？这个例子说明我们可以像识别所见物体那样识别脑中所建构的表象，并能对它加工。这种视觉合成的能力特别重要，尤其是对建筑设计师和工业设计师而言。芬克等人的研究说明我们能对想象中的物体进行判断加工，但这个想象中的物体真的和真实的物体一样了吗？

图8-4　鸭—兔歧义图

刚才的实验是非常简单的，几乎所有人都能毫不费力地完成。钱伯斯和雷斯伯格（Chambers & Reisberg，1985年）进行了一项难度较大的实验，这项研究似乎说明了心理表象和真实物体的视知觉之间还是存在差异的。他们研究了可逆图形的加工，如图8-4中的鸭子—兔子双向转化图形。实验过程是这样的:在简短的时间里，他们给被试者展现图形，然后让他们形成图形的表象。在图形消失前，被试者只有刚好够的时间对图形做出一种解释。此后让其努力进行第二种解释，被试者无法完成任务。随后让被试在纸上画出图形，看他是否能够重新解释，这时被试就可产生第二种解释。这一结果表明，视觉表象不同于图像，人们只能用一种方式解释表象，而无法进行其他的解释。

加工表象比加工真实的刺激难度大的多。正因为如此，假如可以选择，人们都会选择加工真实的图片而不是去想象它。设计师的表象能力强于常人，但是他们也是会将形成于脑中的表象通过草图的形式显现出来，以便于加工。

柏拉图的“床”和朱自清的《背影》

“我看见他戴着黑布小帽，穿着黑布大马褂，深青布棉袍，蹒跚地走到铁道边，慢慢探身下去，尚不大难。可是他穿过铁道，要爬上那边月台，就不容易了。他用两手攀着上面，两脚再向上缩；他肥胖的身姿向左微倾，显出努力的样子。这时我看见他的背影，我的泪很快地流下来了。我赶紧拭干了泪，怕他看见，也怕别人看见。”

——朱自清《背影》

我们关于一个人的记忆，往往有一个典型的形象。比如朱自清记忆中的父亲，就是他那身着黑衣，因肥胖衰老而步履蹒跚的背影。父亲的这个形象在朱自清的脑海中如此根深蒂固，以至于“我与父亲不相见已二年余，我最不能忘记的是他的背影。”实际上，父亲在朱自清的脑海中肯定不止一个背影，还有父亲其他的音容笑貌。但是父亲的背影是父亲在朱自清心理中的“典型表象”(canonic perspectives)。试想一下，我们的爸爸妈妈最为典型的形象是什么样的？爸爸戴着眼镜躬腰趴背地坐在书房？妈妈穿着拖鞋、系着围裙在厨房忙碌？

除了我们每个人心目中事物的典型表象，一个民族、国家，甚至时代往往也会有同一个典型表象。比如，在我们今天的汉民族的心目中，几乎都有一个关于“龙”的形象的典型表象。对于朱自清以前的人们来说，父亲的典型形象应该是虎背熊腰，严肃刻板的形象。当朱自清《背影》这篇文章进入到中学的课本，使得背影成为父亲典型形象成为可能。而对于朱自清之前的人们来说，背影并不是很多人心目中父亲的典型形象。如果我们稍微回想一下，这样的例子并不少见。在隋代以前，中国人心目的花儿还没有凋落的形象。而进入唐代，落花的形象已经是人们关于暮春的典型形象了。比如李白“杨花落尽子规啼，闻道龙标过五溪”；白居易“正是江南好风景，落花时节又逢君”；贾岛“夜来风雨声，花落知多少”……

于是，有人认为，典型表象就是指同一范畴中相似成员的经验的产物。它们表征了理想的形状，而这正是人类集体无意识的一部分。人类集体的典型表象也正是学者们的研究重点。

柏拉图在《理想国》卷十中就提出：

世界上有三张不同的床。第一张是我们理念中的“床”，这张床存在于人类之前。柏拉图认为这是一张真实的“床”。而第二张是木匠按照自己的理念中的“床”所做出的现实中的“床”，它仅仅是“床”的模仿。第三张是画家根据现实中的“床”所临摹的床。因此，柏拉图认为画中的床和真实的床之间隔着两层，不是真实的“床”。

心理表象的相关研究，始于20世纪。然而人们对这一现象的注意，却源自遥远的古代。柏拉图所说的三张“床”，便是对心理表象、视觉表象的探讨。虽然这是哲学层面的探讨，但仍然给予我们很多启示。某种程度上，我们可以认为柏拉图所说我们理念中的那张“床”，应该是我们心目中的典型表象。

典型表象的研究反映出对格式塔心理学家观点的一种拓展。典型表象是指对物体产生最佳表征的形象，或回忆一种形状时最先想起的表象。对典型表象普遍性的一种理论解释是，我们对于物体的日常经验可以发展出对该物体最具代表性的形象的永久记忆以及涵盖其最多信息的形象的永久记忆。因此，典型表象的研究不仅使我们对形状知觉有所了解，而且更多的是帮助我们了解人类信息加工的原型。

我们曾让学生画出自己心目中的毛笔样式。虽然，这些学生来自不同的地域、不同的家庭，受过不同的教育，有不同的艺术才能，也有相异的个性，但是他们都画出了几乎相同的毛笔样式，而且展示的角度也非常相似。这些毛笔的样式与我们在其他图像，比如绘画、淘宝店的毛笔售卖图、影像作品中所展现的典型表象非常一致。(图8-5)

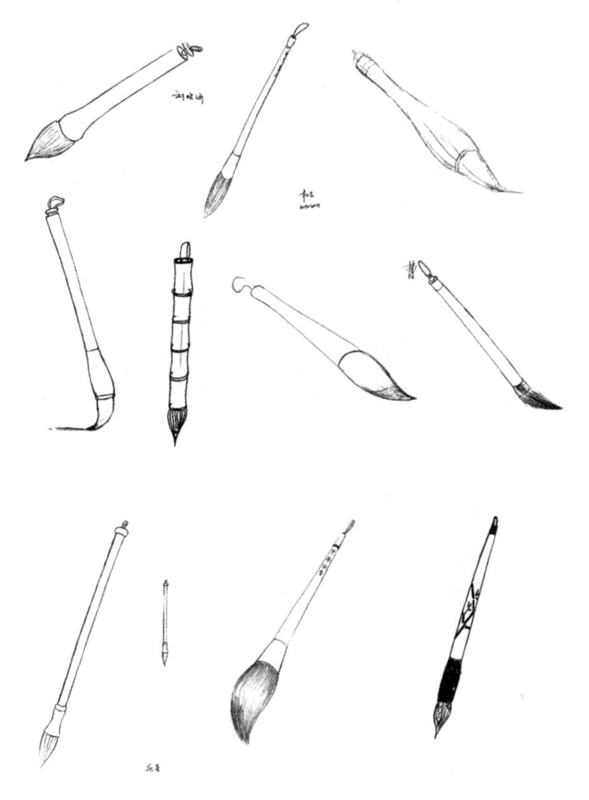

图 8–5　毛笔手绘实验结果

1981 年，Palmer、Rosch 和 Chase 拍摄了一组照片，这些照片全是同一匹马，只是有不同的角度。他们让被试评价这些照片的典型度与熟悉度的等级。果然不出所料，被试能够最快地辨别典型视角下马的照片，并且他们的反应时间随着呈现照片与典型照片之间的差距而拉长。

我们参照 Palmer 等人的方法，拍摄了一组大象的照片（图 8-6），并选取被试进行测验。得到了几乎一样的效果。这个实验给我们如下的启发：越不典型的图像，我们对它的识别能力也就越差。

图 8–6　大象辨别实验用图

典型表象

典型表象的一个特点是它对一定的事物有种默认值。这一特点为典型表象提供了非常有用的推理机制。如果你识别出一个物体属于某个特定类别，那么就可以推断它具有与该概念的典型表象对应的默认值。布鲁尔和特莱耶斯（Brewer & Treyens，1981 年）设计了一个有趣的实验来证实典型表象对记忆的影响。他们找到 30 名被试，被试被逐次带入到一个房间里，并被告知这个房间是心理学家的办公室，他们需要在这里等候，因为心理学家刚出去看另一个实验的进展情况了。35 秒后，心理学家返回房间，将被试带到另一个会议室中，并让他们在这里写下刚才心理学家办公室中的物品。这时被试其实是受了心理学家办公室的典型表象的影响，比如大多数人都会回忆说办公室中有很多的书，但其实并没有。实验结果表明，被试对典型表象中的项目回忆的非常好，而对没有包含在典型表象的项目回忆的较差。这种典型表象的推论效应在很多领域中都会出现，当然它们可能会以不同的名称示人。我们熟知的比如，刻板效应、晕轮效应、光环效应、首因效应等都与之类似。

对于典型表象的应用，敏感的设计师，会迅速想到我们的图标设计。确实如此。当我们为博物馆、美术馆、银行、某次运动会或者某个组织设计标志的时候，我们不得不考虑用一个什么样的形象作为代表。而可以确定的是，这个形象一定是典型表象。因为只有这样的形象才具有广泛的识读性，并且也是观者对于这个语义最理想的形象表现。

按理说，交通标志的形象一定是语义的典型表象。禁止拐弯的标志就是禁止和拐弯两种图形的叠加；注意行人就是一位行人正在人行道上；自行车道就直接用自行车的简图表示。然而，我们中国有一个交通标志，并非是对语义的典型表象的直接运用，那就是“前方有学校”（图 8-8）。按照前面的逻辑，前方有学校意味着标志应该是一所典型的学校建筑的图形。然而实际的情况是三角形的黑框中有两个嬉闹的小朋友。如果不熟悉这个标志的人，可能会认为它表示的是“前方有小孩”。因此前方有学校这个标志的图面意思是前方有小孩。想来也合理，前方有学校，就是要提醒司机前方有很多学生出没。但如果你非要把文字和图形联系起来记忆，那就需要将思维转变一下，这也会花费更多的精力去记住它。

图 8–7　禁止左转，注意行人，交通标记

图 8–8　前方有学校

在标志和图标的设计中（图 8-7，图 8-8），设计师总是要寻求找到一种大众都认可的抽象模式来作为基础型，刚才提到的交通标示就是如此。在进行建筑物的标志设计时，我们一般会选取建筑的一个典型的立面或角度，而这个典型的立面一定是人们经常看到的并熟知的，这就是典型的表象。国家博物馆、鸟巢、水立方、大剧院等（图 8-9），它们的标志都是采用了建筑的典型表象，其实也就是人们经常观看它们的角度。如果一名设计师采用了顶视图作为一个大型建筑的标志，恐怕这个方案就不会通过了吧。

图 8–9　建筑标志设计

我们经常有这样的经历，想找到一个地方，明明你已经到了，却还是不能发现它。为什么呢？因为在你心中，对这所建筑物的印象是一种你所定义的表象，它可能是一个正立面，或是一个45度的透视图。当你来到它的背面，你当然不能将这个陌生的建筑同你心中的建筑表象联系在一起了。它变得陌生，而你迷失了。这与“不识庐山真面目，只缘身在此山中”是一个道理。

图8–10 华盛顿纪念碑

从各个角度都能识别的美国华盛顿方尖碑，是华盛顿总统的纪念碑（图8-10）。想来，恐怕这种发源于古埃及的方尖碑造型确实是在环境中识别性最高的建筑样式了。作为一个公共建筑或设计，方便大众识别是很重要的一个存在条件。多角度的可辨识性非常重要。在这方面伦敦的电话亭设计就很有心得。

英国邮政总署1920年设计的第一代量产电话亭K1（Kiosk No.1）在外观上没法满足当时伦敦的审美，市政联席执委会甚至拒绝让邮政总署在伦敦街道上安装这种电话亭。皇家建筑师学会、城市规划学会、皇家艺术学会等机构也纷纷施压，当时的邮政总监不堪其扰，决定委托皇家美术委员会举行一个设计比赛来决定新的方案。比赛的组织者邀请了三位著名建筑师提交各自的方案，最终选择了Sir Giles Gilbert Scott的设计。不过邮政总署虽然采用了Scott的设计，但在实践中却对他的方案做出了许多更改。比如：Scott设计的是银色的钢制亭子，最终投入使用的K2型却是红色的铸铁亭子（图8-11）。K2从1926年开始在伦敦批量安装，成为伦敦的第一款制式电话亭，而被嫌弃的K1就被安装到了英国其他城市。K2经过了多次改版，直到1935年，邮政总署又委托Scott设计一款纪念英王加冕禧年的电话亭。这一次Scott设计的K6脱胎于K2，造型更加小巧，造价也更低廉。这一型号一共生产了

70000座，大约是K2的5～6倍，这也意味着K6成为了今天英国最常见的电话亭。

终于，被我们现在熟知的伦敦电话亭定型了。四面一致的造型，红色的涂装，这使它在城市环境极其容易辨认。不管你从何种角度接近它，you can't miss it（你不会错过它）。相比之下，我们的国内曾经出现的同类型产品，在识别性上就差了一大截（图8-12）。

图8-11　伦敦红色电话亭

图8-12　公共电话亭

图8-13　Muji CD播放器。深泽直人设计

标志设计时选择的单面角度，与公共建筑设计的多角度思想一样，都是从人们的典型心理表象出发来增加设计的可辨识性。而有时一个产品的可辨识度高，还有另一种理解。就像我们在注意篇章提到的，一个奇怪的物品，能引起我们的注意。起初这件奇怪的物品可能不易辨识，但谁又能抑制世人的好奇心呢？它以一种非典型表象的姿态出现，或者说是借他表象。这类设计，在吸引眼球后，提高了自己在同类型产品中的辨识性。深泽直人为MUJI设计的CD机就是这样的产品。他将CD机型设计成排风扇的样子，将CD放进去，拉动垂下来的绳子，就可以播放CD了（图8-13）。这是一款将人的视觉感受和听觉、触觉融合到一起的经典之作。当你拉下绳子，听着音乐流淌，看着排风扇般的外形，

就会感受到音乐扑面而来。深泽直人并没有利用CD机在人们心中的典型表象，他为我们制造了一个意外，意外地在CD机上应用了排风扇的形态，将一种物品的典型形象加以转化,保留使用方式上的合理性。产品形态超出用户理解的范围，引起了用户的注意，更能在竞品中脱颖而出。这种方法在商业产品设计中多有应用。

至此，我们在对典型表象加以利用时，会出现这三种情况：像伦敦电话亭、方尖碑那样的多角度表象利用，像图标、标志、icon那样的单角度表象利用，和像深泽直人所设计的CD机那样的借他利用。

自下而上加工还是自上而下加工？

我们怎样识别一种模式呢？

一个怪物从我们身边绝尘而去，听那嗡嗡的声响，明亮、线形的双眼，流线的身躯，我们就能判断那是一辆汽车。而当我们认出这是一辆雷克萨斯，是因为我们首先认出了它的车标、车身、车轮、车灯等，还是因为我们首先认识到它是一辆车，再由此认出了那是车的灯、轮和标呢？大脑对物体的识别过程究竟是由模式的各个部件（车标、灯、轮……）引起的自下而上加工（bottom-up processing），还是主要是由我们关于物体整体的假设（嗯，这是一辆车）引起的自上而下加工？这样一种问题，既是哲学家们探讨的悖论，也是多年来心理学家谋求解决的认知分析理论。

我们对周遭环境的认知，似乎唯一可以利用的信息就是被识物体的物理刺激中的信息，比如我们刚才提到的车灯的光和嗡嗡的响声。当然汽车爱好者们确实可以通过车灯光带造型和引擎的轰鸣声来识别汽车的。但很多情况下，事实并非如此。我们要识别的物体总是出现在情境之中，我们可以利用情境来识别物体。当情境或世界的一般性知识指导知觉时，我们将这种认知加工方式称为自上而下加工（top-down processing），因为高层次的一般性知识影响着低层次的知觉单元的解释[1]。自上而下加工又叫概念驱动加工（conceptually driven processing），认知心理学认为知觉有赖于两种不同形式的信息，即来自环境的信息和来自知觉者自身的信息。所谓知觉者自身的信息是指知觉者已有的知识、概念，自上而下地加工过程，便是人在从事知觉活动时运用已有的知识和概念去加工当前的信息的过程，例如，设想人们要知觉"13"这样一个图形，如果它是出现在"12、13、14"这种系列中，人们便运用头脑中关于阿拉伯数字的知识进行自上而下地加工，把它知觉为"十三"；如果它是出现在"A、13、C"

[1] 约翰·安德森，认知心理学及其启示（第七版）[M]. 北京：人民邮电出版社，2012：58 页 .

这种系列中，人们便运用头脑中关于英义字母的知识，把它知觉为英文字母“B”。这种自上而下加工与不考虑整体情境而直接对信息本身进行的自下而上加工（bottom-up processing）是相互结合的（见图 8-14）。

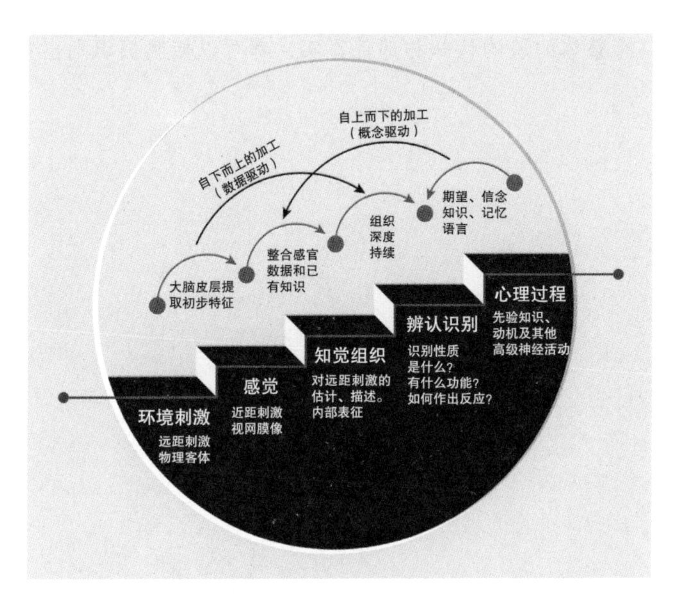

图 8–14　知觉理论中由上而下加工和由下而上加工过程

自下而上的加工也称数据驱动加工（data — driven processing）（Lindsay & Norman，1977），是指知觉者从环境刺激中一个个细小的感觉信息开始，将它们以各种方式加以组合便形成了知觉组织，以对刺激估计和描述，形成内部表征。持这种理论的心理学家认为，感受器所获得的感觉信息就是我们知觉所需要的一切，无须复杂的思维推理等高级认知过程的参与，我们就直接知觉到了周围环境。而这种直接知觉环境的能力是由人的生物性决定的，这可以由视崖（visual cliff）实验中很小的婴儿就能形成深度知觉可知（Gibson，1979 年）（参见图 7-4）。

Palmer认为，在大多数情况下，我们对于物体的部分或整体的认识在自下而上和自上而下两个维度上同时发生。他引用了面部特征识别的例子。如果只看人脸侧面线描图，面部特征可以从完整的人脸中被识别出来；而缺少完整脸的情境时，五官的线描图识别度就会降低，在补充细节和真实化后，识别度也可以得到提高。有整体的脸的认知和部件写实，都可以使我们识别出物体。

我们总在玩配图游戏

有没有想过，我们是如何在人海茫茫中认出自己的爸爸妈妈呢？无论他们穿何种风格的衣服；有多么奇怪的动作表情；随着时间变化逐渐沧桑的外貌特征，我们都能认出。他们甚至并不需要开口说话，只需要远远地站在那里，我们便可以从千千万万的人海中发现他们。我们会感慨：爸妈是我们一生中最为熟悉的身影。

实际上，从我们呱呱坠地起，我们便瞪着小眼睛开始储存父母的形象特征了。他们的一颦一笑，一举一动，一言一行都被我们有意识、无意识地储存在大脑中。当我们每次见到他们的时候，都是一种形象的识别，并且会根据他们新的变化去修正我们之前关于他们的印象。

当然，我们只能够识别出我们之前见过的事物。换句话说，如果是从未进入过我们记忆中的事物，我们便识别不出，或者会产生推测和假想。这种情况多见于学者们对于人类早期历史的相关研究中。他们往往为了一个现代人类经验中从未出现过的物体而争论不休，但是也很难找到令人信服的证据。比如一件二里头文化中出土的青铜嵌绿松石牌饰上的图案（图8-15）。有人认为那是一只老虎；有人说是牛；有人说是狐狸；甚至有人说是熊猫。而这类图形在随后的历史中，有更多的衍化。青铜礼器上的动物长着猫头鹰的眼睛、鹿角、牛耳、大象鼻……宋代的文人们根据《吕氏春秋》中的记载："周鼎著饕餮，有首无身，食人未咽，害及其身。"而称青铜器上

图 8-15　河南偃师出土二里头牌饰

类似无法辨别具体物象的图案为“饕餮”。但经过近现代学者的考证，认为这肯定不是饕餮。但它是什么呢？人们集合中国智慧，恨不得将历史图像搜枯竭泽，但还是没有答案。一直以来,这也成为青铜器研究的重大疑问。学者们没有办法，只得将其称之为“兽面纹”。

因此，我们认为，模式识别指的是，当我们想要辨别出一种模式的时候，需要将感觉信息与信息库中保持的某些痕迹进行匹配。而关于这些感觉信息与我们大脑内部信息库中的痕迹是如何匹配的讨论，目前有三种不同的解释，它们分别是模板匹配、特征分析和原型匹配。

模板匹配

一种关于大脑如何识别形状和模式的观点称为模板匹配（template matching）理论。什么是模板呢？就是指在我们人类的识别模式中，有一种内部的结构，当外部的感觉刺激信息与我们内部的形象或者结构匹配时，我们便能识别出这个刺激信息。持这个理论的人认为：我们在日常的生活中，创造了大量的模板，而每一个模板都对应着不同的意义。当外界的刺激信息与我们内部的模板匹配时，我们就可以识别出。

模板匹配理论的积极之处在于，它能直观地反映出我们要识别出一个形状、字母或某种视觉模式，必须能提取到一个可以比较的内部形状。在某个抽象水平上，外部真实的物体要得到识别就必须与长时记忆的某个存储相匹配。但不足之处在于，模板匹配常常会遇到一些困难。比如，如果只有当外部物体与内部表征达到百分之百的匹配时才可能完成识别的话，即使物体与原来模板相比仅偏离了一点角度，我们也会无法识别出物体。这种精确的理论解释意味着，为了与我们所见所识的不同几何形状一一对应，就必须形成数不清的模板。对于人类的模式识别，我们如果想严格地解释该模型，就意味着我们必须拥有千百万个独立的模板，每个模板分别对应于一个特定的视觉模式。这显然是不可能的，因为如果我们真要存储这么多的模板，我们的大脑必须庞大到用手推车来搬运，而这一壮举在神经学上显然是不可能的。

模板匹配理论虽然低估了我们大脑的处理水平，但对于机器学习来说，是种很好的选择。对于重复的计算和搜索，机器的能力显然高于人类。我们日常生活中许多的编码正是以模板匹配为基础的。大多数超市在商品包装上印有类似的编码，以加快结算过程并保存目录清单。条形码代表了特定的商品，其价格由计算机提供，而后录入到收银机的记录带上。条形码读取的是位置、宽度以及线条的间距。扫描仪将编码转换为电脉冲，形成信号模式并传递到计算机。计算机通过与内存中的类似体进行匹配，从而辨认出模式。对于计算机系统来说，这一过程非常符合它的学习逻辑，或者说，模板匹配理论造就了现在的计算机工作逻辑。

特征分析

特征分析理论认为模式知觉是一种较高级的信息加工，在此之前，复杂的输入刺激首先要根据其自身的简单特征得到识别。因此，在识别视觉信息的完整模式之前，首先要分析其最小组成单位。

目前，两种研究思路——神经的和行为的都支持了特征分析假说。Hubel 等人的实验发现不同的细胞对不同的线条特征有反应。每个细胞都有其特殊的职责，它负责视网膜中有限的一部分，并且只对一种特定的刺激形状和特点的方向产生最佳反应。 眼动和定点注视的研究思路是，如果你在相对较长的时间内凝视着模式中的某一特征，那么从中你提取到的信息要多于草草看一眼所提取的特征。所以说，你在上课时认真听讲，注意看老师演示的 PPT，是能极大地提高你对知识的学习效率的。而对老师来说，就是在于怎么才能吸引学生较长时间去注视自己讲述的内容。特别是在这个信息爆炸的社会。信息的传达也就是如此。一个广告中，人们熟知的明星会引起大家的注意，这会延长我们观看广告的时间。毕竟我们也想知道，“这个货怎么又给自己代言了？”想方设法地延长观者注视的时间，就几乎等同于传播的成功。对于静态的物品来说，没有幽默的言语与绚丽的动画来吸引人们。它们能利用的，就只是自己那或许并不出众的颜值。

美的设计能提高产品的可用性。多年来，众多研究者都在这个题目中深度挖掘着。他们的研究不只限于工业产品的美学，还包括 UI 界面的美学。设计学专家探讨着 ATM 人机界面美学如何对用户操作效率的提升，管理学专家也愿意通过自己的模型来建构起电商网站美学与用户购买行为间的关系。这些无非都说明了一个道理——这是个看颜值的社会！毕竟谁不愿意让自己的视线在美物上多停留一会儿呢？这或许都不是为了获取什么信息，而只是想让自己在这个充满丑陋的世界中得到喘息的瞬间。

然而，我们从来就不是只看外表的人。记得在浙江省美术馆第一次近距离观看油画《父亲》时（图 8-16），那纪念碑式的宏伟构图，纯朴憨厚的中国农民的典型形象，使我和无数人一样，被深深打动。即使没有斑斓夺目的华丽色彩，没有激越荡漾的宏大场景，这幅作品也足以把我“钉”在它的面前。

图 8–16　父亲，布面油画，罗中立，1980 年

俄国心理学家 Alfred Yarbus 的注视实验发现特征承载的信息越多，双眼停留的时间就越长。同时，注视点的分布与被试的意图有关。他设计了一组试验，在此试验中，他要求被试根据复杂模式做出某些估计。比如，当被试看到一张照片，要求他说出图片中的这家人家发生的主要事件和人物的年龄。在此情况下，注视点的选择会依据被试的意图而定。因此知觉复杂模式中的特征，不仅取决于物理刺激的本质，也包含了诸如注意和意图等高级认知过程。研究我们如何从复杂的刺激中提取信息，对于信息设计来说是非常重要的。实验室环境下的眼动实验可以解释这其中的部分规律，但反观 Yarbus 的理论，我们的设计师，更应该在观者的意图引导上多做努力。

原型匹配

除却模板匹配和特征分析,还有一种模式识别的观点,那就是原型(prototype)形成。这种理论假设我们的长时记忆中存储着某种抽象的模式作为原型，而不是对无数种不同的模式形成特定的模板，甚至分解成各种各样不同的特征。这样，当我们注意到物体，一个模式可以对照原型进行检验，如果发现有相似之处，则该模式会被识别。比起模板匹配，发生在人类大脑的原型匹配假设看似更适合神经学上的经济性和记忆搜索的过程，它也兼顾了那些不常见的但在某种程度上又与原型相关的模式的识别。

其实原型这个词在设计界并不陌生。工业设计师制造的草模是一种原型，交互设计师也会做低保真和高保真的产品原型。这些原型都是帮助我们以简便、抽象的概念来完成最终的具象物体的识别或演示。当我们识别出一个水杯，尽管它可能有不同的颜色、形状、质感和摆式，我们还是能一眼认出它，尽管它可能与我们头脑中的理想模型相差甚远。从这个意义上来说，原型不仅是一组刺激的抽象物，而且更是模式的一个典型的或者说是最佳的表征。汽车设计师可能总是对量产车型不满意，量产车是妥协、折中的结果，甚至是在粗制滥造下生产出来的。在他们的大脑中，每年推出的概念车才是他们的最爱，那是他们亲手制造的，是完美的最佳汽车原型。在我们当下这个崇拜形体魅力的时代，男人和女人的原型可能正是那些走红的电影明星们，而在某些方面，我们互相之间的评价也可能与被评价的个体与原型的匹配程度有关。既然原型是人们心中典型的甚至是最佳的表征，那我们依照原型来对他人的评判是不是就显得有些不公平呢?

此时，你是不是觉得原型匹配和模板匹配之间，你更倾向于前者。但同时你可能会追问，图像和模板之间的精确匹配是否有必要？如果模板仅充当了图像的近似开启物，那么你在日常生活中又是如何做视觉的精细判断的呢？试想一下，“木”和“术”，“O”和“Q”在特征上非常相似，但我们却很少把它们弄错。模板匹配在计算机程序方面是有用的，但严格来说，它不足以解释人类模式识别的多样性、准确性和经济性。我们现在至少可以说，辨别模式要经过将感觉信息与信息库中保持的某些痕迹进行匹配的阶段。我们的识别，是原型匹配与模板匹配的一种综合。模板匹配可能出现在视觉识别的某一个水平上，而在另一个水平上得到运用的则是原型。原型是一组刺激的抽象，它包含了同一个模式的许多相似的形状，它使我们识别出模式，即便模式可能与原型不完全相同。

小学的地理知识课中，老师绘声绘色地告诉我们：中国的地图形状看上去就是一只雄鸡，意大利是一只靴子，俄罗斯像一匹马。这些形象的图形比喻有利于我们对地图的认识和记忆，我们也似乎很愿意接受老师所说的“事实”，并对此深信不疑。老师神奇地将那些杂乱、无意义的地图线条，命名为有意义的拟物模式，而正是这简单的模式命名唤起了我们心中的雄鸡、靴子和马的原型。意义，不止出现在我们的生命教条中，在视觉识别时，意义也显出了非凡的引领作用。Petersen 等人的研究表明，意义重要的原型及其细微变形后的测试图形比无意义的原型及其细微变形后的测试图形更容易识别。然而，当变形程度很大的时候，情况截然相反；换言之，在这种情况下，有重要意义的原型比缺乏意义的原型更难识别出来。这可能是由于人脑对目标对象形成了先验知觉的原因。如果你想做 icon 设计的拟物尝试，但在过程中又充满了抽象、具体、具象的纠结，那你的设计很可能是一个扭曲化了的“有意义的原型”，它将给用户造成巨大的认知困惑。

丰富的联觉

亚里士多德在《形而上学》中曾指出:“如果没有具备相应的感官，我们怎能认识各种不同感觉的事物？可是，就像复杂的声调可由适当的通用字母组成一样，一切事物所组成的要素为各感官都能相通的要素，那么我们不仅能看图像，还可以听图像。”

联觉就是一种感官刺激导致另一种感官做出反应的情形。在文学上，我们称其为“通感”的修辞手法。而画家善于运用光和色之间的强烈联系。

神经生理学方法在联觉的研究上卓有成效：当电极插入动物的目标脑区之后，给动物呈现不同感觉通道的刺激。例如，麻醉状态下猴子颞叶上沟（STS）的某些细胞对视觉、听觉和躯体感觉刺激反应。在一项研究中，对这些区域的超过200个细胞进行了记录。虽然有50%的细胞是单通道的，但是有超过20%的细胞是双通道或三通道的；剩下的细胞则对这些刺激不反应（Hikosaka，1988年）。当然，多感觉并不仅限于颞叶。其他的脑部区域包括顶叶和额叶的大面积区域以及海马，都表现出相似的感觉整合。目前为止，研究非常充分的一个多通道位置是上丘，它是皮质下的中脑区域。上丘参与了对运动的控制和定向。它包含了在视觉、听觉和触觉的通道。上丘中的许多细胞联合了来自不同感觉通道的信息，并且将这些信息进行整合，使得多感觉输入之和比从单个通道得到的信息更加有用。这就是为什么我们在背诵诗词时总觉得朗读出来的记忆效果更好。这个过程不仅有视觉信息的输入，还加入了听觉的刺激。老师或许告诉过你，在背诵课文时不仅要看，更要读出来，听觉和视觉的双重作用会使你的记忆力大增。同样地，体感游戏中的画面、音响和触觉信息的同步发生令我们对此项活动上瘾、着迷。

进而，Barry Stein发现，上丘中单个细胞对联合了视觉、听觉和躯体感觉刺激的反应要大于这三种刺激分别单独呈现时的反应。这一现象被称作多感觉整合（multisensory integration，N. P. Holmes和Spence，2005年）。并且这一增强反应在单通道刺激不能独自产生反应时最有效。通过这种方法，微弱的甚至域限下的单通道信号的结合就可以被探测到，并且使得动物对刺激进行定向反应。这在很多应激现象中被普遍采用。比如，在汽车驾驶时，为了提醒行人或车辆注意到自己，驾驶员会同时按下喇叭和开启大灯。这种声、光的双向刺激能产生多感觉整合效应，即便是在嘈杂或缭乱的环境中，仍保证刺激能被对方感知。而这种多感觉整合的效应发生，是需要一个前提条件的，那就是不同的刺激在时间上和空间上都尽量一致。例如，如果一个视觉刺激在时间上和空间上和一个大的噪音同步，那么多感觉反应就会被增强。但是如果这个声音刺激源自于光亮不同的位置，或者与光亮在时间上不同步，上丘细胞的反应就会比每种刺激单独呈现时要低。所以这里要特别注意，在很多冗余设计中，多感官刺激的时间、空间信息不一致时，会导致用户摄取信息失败。

影视作品中的“高人”，通过说话人的唇形能知道对方在说什么，唇读是我们人类多通道加工的一个有趣形式。经过训练，人们可以学会理解只看到嘴唇和面部动作的语言。我们应该注意到，视觉线索促进了我们理解语言的能力。比如，我们和朋友在嘈杂的咖啡店谈话时，你会发现如果直接看着朋友会比环视屋子更容易理解他在说什么。Gemma Calvert 和他的同事们（1997 年）使用 fMRI 发现，人在唇读过程中激活了听觉皮质。这个现象也是联觉体验的一种形式。

触发联觉体验的感觉刺激被称为诱发物，而作为结果的联觉反应被称为并发物。诱发物可能是真实的，如一个物体、一个印刷字母或一个音符，也可能是想象出来的，比如一桌子大餐。无论是真实的或想象的诱发物，都是我们“心理表象”所看到的，或这个信号投射到我们视觉皮层中的一个特定位置而被“看见”。

“颜色的声音是如此明确，以至于没人会用男低音表达亮黄色，或者用高音表达幽暗的湖水”（康定斯基（Kandinsky），1912 年）。Marks（1974 年）向被试呈现一些列有不同音高的声音。让被试把这些声音和一系列不同亮度的颜色相匹配。结果，音高和亮度之间是明显的正相关。也就是音高越高，对应的颜色越是明亮。在进一步的实验中，让被试按下不同的反应按键来区分一个高音和一个低音，每一次实验时，或者开较暗的灯，或者开较亮的灯。灯光的亮度和声音的音高之间的关系是随机的，并且和实验的主要目的看似无关。而结果是，被试在测试中的反应时间长短显示出亮度和音高之间有可靠的相关性。当亮度较高的时候，对高音刺激的反应相对较快，而对低音的反应相对较慢。大量实验数据表明，很多人都有一种图像和声音互相交错的联觉。并且，联觉是可以测量的。

第九章　设计中的记忆心理

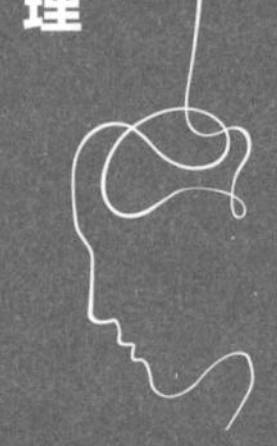

帘外雨潺潺，春意阑珊。罗衾不耐五更寒，梦里不知身是客，一晌贪欢。独自莫凭栏，无限江山，别时容易见时难，流水落花春去也，天上人间。

——李煜，《浪淘沙》

记忆造就了自我

由记忆带来的那些回忆，不断丰富并塑造着我们的人生。

那些与我们的生命发生过关系的物品，不容小觑。2015 年 12 月 18 日在北京 798 艺术区的佩斯北京画廊中，一场关于“生活之物”的展览——“北京之声——宋冬：剩余价值”吸引了众多国内外的观众。在展览的作品中，人们看到记忆中的破旧窗户被宋冬进行了并置、拆解、重组等，呈现出于我们“记忆”中关于“窗户”完全不同的视觉感受以及情感体验，从而引发人们对于日常物品的思考。（图 9-1）

图 9–1 “北京之声——宋冬：剩余价值”，宋冬，佩斯北京，2015

展览或多或少地触及到了“物”在形成人的生命体验中的特殊地位，但并没有表现出对生命之“物”的超越。这一点，我们可以在中国古代的诗词中隐约体会到。当五代词人李煜凭栏而望，在他眼前的无限江山，并不只是存在主义哲学家所谓的那种“客观实在”。在他的心中，这“无限江山”便是自己曾经作为帝王的“无限记忆”。而这些记忆的存在，使得他难以忘怀。“无限江山”是一个比较概括的观念，但这并不影响他对这个大写的“物”的观念的超脱。因此，他才可以发出“流水落花春去也，天上人间”这样关于人世无常的千古之叹！因为在这时，“物”不光与他产生了联系，塑造了他的人生，并且还能从中感悟出某种生命的意义。

除了李煜的那种“长时记忆”之外，我们的生活中还有很多琐碎的、转瞬即逝的甚至神秘的“短时的长时记忆”。歌手在《回忆的沙漏》中唱到：“这刹那过后，世界只是，回忆的沙漏。像流星的坠落，绚丽地点亮了整个星空。”当然，歌曲中的“刹那”已经成为一种永恒，关于爱情证明的永恒。

我们能从感性上或多或少地感觉到记忆的功能，但是关于记忆是怎样一回事，我们还是丈二的和尚。近一百年以来，认知心理学的相关研究，可以帮助我们更加了解记忆的运作流程。不仅如此，心理学家们关于记忆的多种发现，不断启发着我们运用记忆的原理，让我们设计出更棒的产品。

我们如何知道画的是什么？

记不记得，你第一次在美术馆遭遇抽象绘画时候的茫然失措？我们可能先注意到画面中一些大大小小的点，或者整齐或者杂乱的线，或者均匀或者凹凸不平的丙烯颜料。你对这些点、线的记忆和颜料的认识，是那么地从容不迫，这便是“记忆的内隐作用”（implicit uses of memory），即信息不需要有意识地努力就可以获得。而当我们站在这些画作前，努力地回想自己已有的关于色彩、形式、观念、现代艺术史相关知识的时候，画作在我们脑中的印象会变得丰富起来。这些需要我们有意识地努力地去恢复的记忆，心理学上称其为“记忆的外显作用”（explicit uses of memory）。

如图 9-2 所示早期几何抽象学派的代表作:《红黄蓝的构图 2 号》。蒙德里安在这幅画中先用一些较粗的黑线划分出了大小不一的多个区域，再用红黑、黄蓝两对比色去填满这些方框。占据画面右上角的大块红色是画面的中心所在，而左下角冷冷的蓝色使得视觉上达到平衡。这些对画面的直接认识，只要我们注视这幅作品，便都可以描述得出。即这些第一反应的对画面无意识的认识，是储存在我们大脑中非常内隐的记忆，它们如此根深蒂固地存在，以至于我们常常忽略自己的记忆，还以为自己天生就有注意的认识。

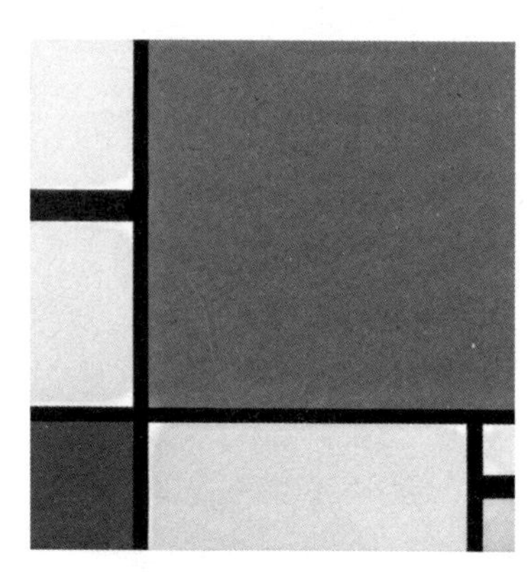

图 9–2　红黄蓝的构图 2 号，蒙德里安，1930

然而，为什么蒙德里安要这么画？这幅画表达了什么？它有什么意义？如果我们要回答这些问题，便不得不跳出“内隐”的记忆圈子，去“外显”的世界里寻找答案。我们发现这幅画面用了“红、黄、蓝”三原色；其黑线划分框的比例似乎与勒·柯布西耶在人体上所发现的模度有关（图 9-3）。从以上两点我们可以判断这幅画是有关色彩和形式方面探索的实验性作品。如果我们了解西方艺术史上发展变化的画作，我们还可以从“外显”记忆的知识库中找到在蒙德里安时代，人们正在进行关于“绘画的纯粹性”问题的探讨。古典的绘画作品中，总是会有具体的物象，而画家们认为观者往往注意到了画面内容和一些有趣的故事，而忽略了绘画这种形式本身的巨大魅力。而蒙德里安的这幅作品便是对绘画形式本质的探索。如果我们再往后看，在抽象绘画上走得更远的抽象表现主义画家那里，就是一堆颜料了。当然，如果我们继续寻找更多的外显记忆，那么对这幅画的理解也会随之深入，开始真正理解抽象绘画了。

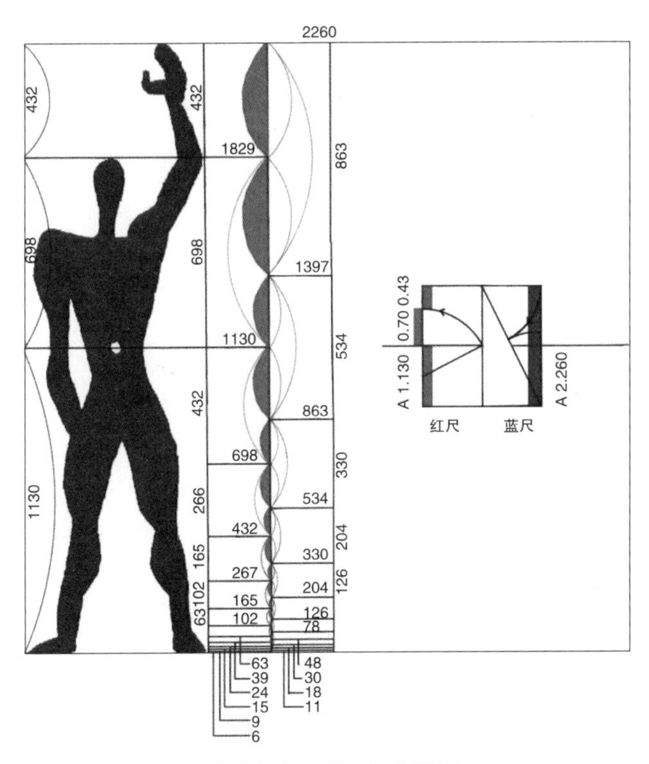

图 9–3　人体模数，勒·柯布西耶，1947

拥有“外显记忆”的多少，某种程度上代表着我们知识的渊博程度和自身经验的丰富程度。因为“外显记忆”需要我们有意识地主动提取我们所知道的内容或者是以往的直接经验。“外显记忆”里的“语义记忆”就是指关于世界的知识或对事实的记忆；而“情节记忆”就是指个人对特定事件情节的记忆。所以如果一个人的知识更渊博，经验更丰富，他在解读同一件事物上时所能唤起的“外显记忆”就越多，他的理解和感受也一定会更深刻、全面。就像我们常说的三重境界：“看山是山，看水是水”；“看山不是山，看水不是水”；“看山仍是山，看水仍是水”。不同“境界”的人思考的内容一定会有差距。生活中显而易见的例子就是“内行人看门道，外行人看热闹。”

大多数人在注意到图 9-4 中的产品时，首先会看到一只站立的金属河狸。没错，那是一只河狸。内隐记忆的迅疾性几乎与我们的本能反应差不多。那这只河狸为什么会跟一支铅笔在画面中同时出现？河狸为什么会张着嘴？联想起来，我们不难发现这是一个仿河狸样子的铅笔刀。如果再让外显记忆发挥点作用，我们会意识到，这是阿莱西的产品，它代表着这件产品应是出自一位非常不错的设计师之手。

图 9–4　转笔刀，阿莱西制造

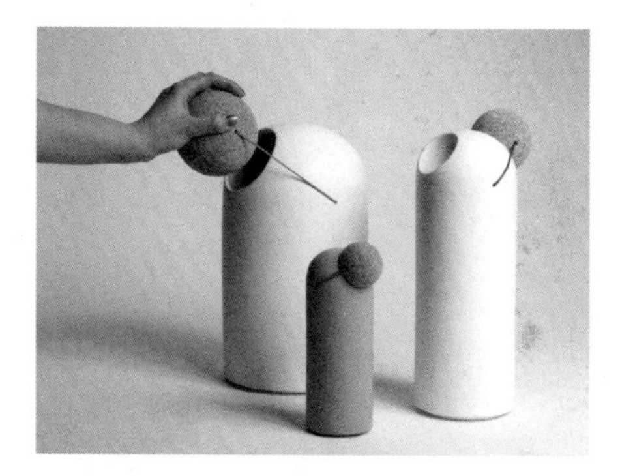

图 9–5　Tomas Kral, Clown Nose。Tomas Kral 产品设计工作室设计

初次观察图中9-5的产品，我们可能看不出它的功能。这是什么，一个圆筒上绑着一个圆球？但是再细看，这不是一根普通的绳子，而是一根橡皮筋，而且绳子上的圆球也正好是手可以握住的大小。这会让人忍不住握住软木圆球向后拉扯，这种操作的理解来源于我们对皮筋弹性和软木球形态的知识和经验，这属于“内隐记忆”。当我们握住圆球拉扯橡皮筋时，可能还会联想起箍在小丑头上的假鼻子，这简直是一模一样的感觉啊。设计师巧妙地利用了这种隐喻，通过引导情感化的操作来继续调动我们的“外显记忆”。将圆球拉到背后凹处时，就会看到暴露出的洞口，让我们意识到这个产品的储物功能。像这种从不同层次调动用户记忆的情感化产品往往更具想象的空间、拥有更多可玩性和趣味性。

让用户看懂很重要，看不懂也很重要

然而，内隐记忆和外显记忆的分化仅仅是帮助我们去欣赏画作，认识已有的设计吗？答案是否定的。聪明的设计师都不会忽略自己设计产品的用户，应该何时让他们通过内隐记忆使用产品，何时让用户调动外显记忆。

在这里，我们提供产品设计中记忆内隐和外显利用的简单原则：

适用于调动用户内隐作用的产品，即通用的工具化产品。工具化产品分为两类，一是老百姓通用的工具，例如家庭厨房的各种产品、建筑工人使用的独轮车、各种常用的杯具；另一类是专业化的工具，供专业人士使用。例如油画所用的画框、画布、笔刷、调色盘。如果在第一类的产品设计中，产品需要用户调动外显记忆才能发现如何使用，那么这一定是糟糕的设计。

比如我们乘坐高铁时，往往需要调整座椅靠背，但不管我们曾经坐过多少次高铁，在调整靠背时，总需要再次思考才能确定控制自己座位的扳手在左边还是右边。这真是令人有些沮丧。目前的动车、高铁二等座位及调整把手分布如图 9-6 所示：座位 A、F 靠窗，控制扳手在靠窗的一边；座位 C、D 靠过道，控制板手在靠近过道的一侧；座位 B 的控制扳手在座位右侧。这看起来似乎合理，但我们在真实乘坐时，情况却复杂得多。一般情况下，当你坐 A、D 座位时，你的控制扳手在你的左侧，而当你坐 B、C、F 座位时，你的控制扳手却在你的右侧。所以即使我们乘坐过很多次高铁，也不能靠内隐记忆调动习惯或直觉来使用这个调整扳手，而是要根据每次的座位来进行外显思考，有时甚至还会出现一些困扰和尴尬。

对于这个问题，可以这样解决：首先，考虑到大部分乘客的使用习惯，依据右利手原则，将所有的座位调整扳手统一设置在对应座位的右侧，方便乘客利用统一的内隐记忆。其次，为了方便乘客在初次乘坐高铁时，就能对控制扳手的对应信息产生快速、简单的认知，最好将这种对应的一对一联系属性加强，使其能清晰地可视化显现，比如将现在设置在把手中间的扳手改为设置在把手靠近对应座位的内侧，那么乘客只要看到自己右边把手的内侧有个调整按钮，就会毫无困惑地获取到这个对应信息，如图 9-7 所示。

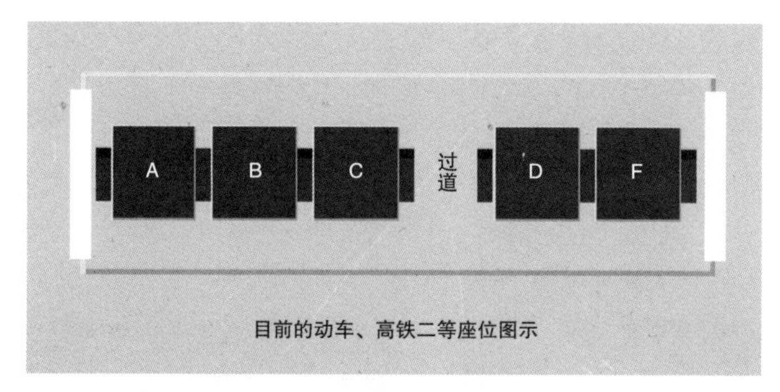

图 9–6　高铁座位示意图

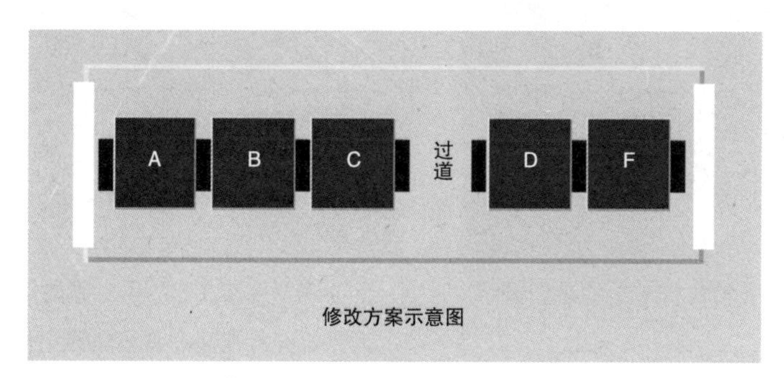

图 9–7　高铁座位改进示意图

写到这里，我再次联想到自行车车闸的对应问题。不管是凭我们的直觉理解，还是依据右侧更利于手的习惯，刹车时都应该是先拉右手车闸的。但事实上，左手车闸才是控制后轮刹车的，右手车闸控制的是前轮。所以当我们错误地用右手车闸紧急刹车时，就会发生前轮抱死无法转向甚至是翻车的危险。好在一些专业的自行车制造商会在自行车的左边把手上贴上黄色的警示标志（图 9-8），告诉用户左边车闸才是控制后刹的正确对应。但其实这样是需要调动用户进行外显记忆思考的，并没有做到利用内隐记忆。作为常规的生活化产品，它们并没有让我们便捷地识别出正确的使用方式，这显然需要改进。

这个道理也启发我们：古代那些我们没有办法判断其用途的工具型文物，基本可以确定其为专业性的工具。简单地说，我们很容易使用木工的锯，然而木工的其他工具（图 9-9），我们基本不能认识，更谈不上自如地使用了。这说明一般工具设计都应满足易学习性、易调动性、易操作性，即应尽量让用户较少甚至不用调动外显记忆。

图 9–8　捷安特自行车上的手刹警示

图 9–9　木工工具，老木匠使用的工具，其专业程度很高，需要外显记忆的帮助，我们才会使用

实现少让外显记忆参与的产品设计，设计师应该放下自己的架子，多深入到用户之中，进行广泛而又真实的用户调研。用户记忆外显作用的少参与和不参与，能区分出优秀和卓越的产品。工具性产品中，如果用户的外显记忆为零，那么将是完美的设计。反之，则是糟糕的设计。如果要拧紧一颗螺丝钉都不容易上手的话，生活就实在让人很费心。因为对于日常工具的使用情形而言，人们非常需要的是方便、快捷。而外显记忆的调动意味着精力的不必要耗费，这与用户的期待是相悖的。设计师要非常努力，才能让用户毫不费力，让生活变得更简单。

还有一类需要用户调动外显记忆的设计作品，就是所谓的情趣化设计。这一类产品需要用户内隐和外显记忆同时参与，以让人产生新奇感。上图中阿莱西公司的松鼠铅笔刀和 Tomas Kral Product Design Studio 的小丑鼻子储物瓶便是这样有趣的产品。当外显记忆的参与让用户明白了眼前陌生产品的用途之后，会产生一种惊喜。另一方面，强烈地调动使用者外显记忆的工具产品，往往能凸显使用者的专业性和自豪感。设计师平时使用的软件就是这样，如图 9-10 所示，Alias 软件复杂、炫目的界面，仿佛在向人诉说着自己在业界的独特地位。

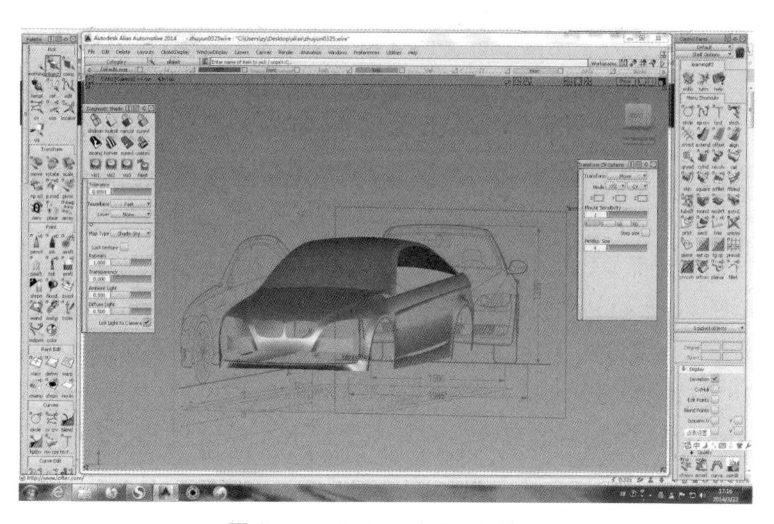

图 9–10　Autodesk Alias 2014

唤起心中的记忆

生活中，我们可能会忘记是谁、在什么时候、什么情境下、教会了自己系鞋带。然而，我们现在却清楚地记得如何系鞋带。这种记忆是如此自然，以至于我们自己都可能忘了自己是记得的。

多情的诗人总有比常人更多的回忆。白居易在《忆江南》中感叹道："江南好，风景旧曾谙。日出江花红胜火，春来江水绿如蓝。能不忆江南？"

我们现在知道，白居易关于江南风景的记忆，即心理学上所谓的陈述性记忆（declarative memory），这是一种有关事实和事件的记忆类型。词中关于江南风景的具体描述：红胜火的江花以及绿如蓝的江水，就是更为具体的事物记忆。同样，李煜词中关于"无限江山"的记忆，也属于陈述性记忆的范畴。我们学习的大多数课本知识，数学命题、物理现象、历史人物、化学程式……也都是陈述性记忆。

此外，还有一类事在我们一生的成长经历中非常普遍。比如我们学会如何骑自行车、驾驶汽车；我们学会烹饪，做出让人充满了幸福感的佳肴；我们学会摆弄一件新奇的产品，把它拆了又装。这些关于怎样去做某些事的记忆，称为程序性记忆（procedural memory），又叫过程性记忆。因此，我们也可以将程序性记忆理解为做事情的方法。这种记忆的功能主要在于让我们获得、保持和使用知觉的、认知的和运动的技能。所以今天我们即使忘记了学系鞋带的具体情景，也能毫不费力地回想起怎样系鞋带。

关于脑的研究表明，这两类记忆与小脑和大脑皮层的记忆功能密切相关。其中陈述性记忆存储于大脑皮层之中，而程序性记忆存储于小脑之中。也就是说，白居易关于江南风景的记忆存在于他的大脑皮层中，而我们生活中类似系鞋带的记忆则存储在我们的小脑中。

在人与人或者人机交流中，关于事实的记忆，即陈述性记忆更容易传递。设计师往往在传达陈述性记忆的时候，可以通过清晰的视觉图像去传达。其需要的外在条件，便是共同的文化环境。比如有关红包的设计，就是属于中国文化中特有的礼节性产品。台湾设计师曾经设计了一款鼓鼓的大肚红包而获得了红点奖（9-11）。正如图中所见，人们通过汉语谐音与表情符号的关系，达到幽默的联想效果。

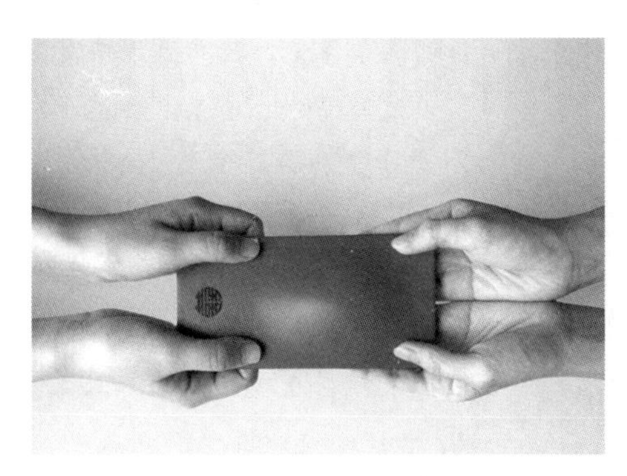

图 9–11　大肚红包

我们日常生活的惯用语，如“吃一堑，长一智”，“没有规矩，不成方圆”，“棍棒底下出孝子”，“不听老人言，吃亏在眼前”，“吃亏是福”，“身正不怕影子斜”，“当家才知柴米贵，养儿方知父母恩”，“帮人帮到底，送佛送到西”等等，都体现我们的传统风俗与记忆，这种记忆绵柔而悠长，被我们熟知的同时，也将继续言传下去。

但还有一些符号性的图像，可以跨越国家、民族的界限，使全世界人民都可以辨认。艺术家徐冰就致力于“普天同文”的理想。他在这方面的代表作，便是《地书》。在这本书中，没有任何一个国家或者民族的文字，有的仅仅是一些日常生活中指示牌上的符号，比如航空、闹钟、男女洗手间、吻、高跟鞋……他成功地利用这些符号进行“写作”，并且得到了读者们的认可。

图 9-12 中的《地书》，描写了一个男子消灭蚊子的故事。按照平时文字的阅读习惯，我们可以明白故事的大概内容：

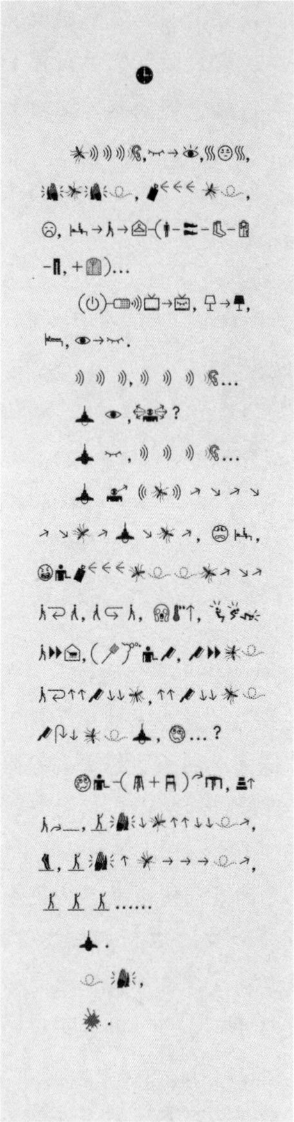

图 9-12　地书，徐冰

凌晨三点，蚊子嗡嗡叫，把我吵醒了，带着困意，我用手拍蚊子，它却跑掉了，我用杀虫剂喷它，还是飞走了，不开心。起床打开衣柜，脱下鞋袜，衬衫，裤子，换上睡衣……

我打开电视开关，拿起遥控器选频道，看到节目都说了再见，我关上床头灯，躺下睡觉。

嗡嗡嗡……我打开灯四处寻找，没有看到它。又关灯继续睡，嗡嗡嗡……打开灯，发现了蚊子，蚊子飞来飞去，飞来飞去，落到了吊灯上，我气急败坏，坐了起来，一边咒骂一边拿着杀虫剂，追着蚊子喷射，却还是杀不死它。气死我了！我到厨房拿出菜刀当苍蝇拍，结果蚊子飞到了吊灯上，我无语……

我把凳子和椅子叠到桌子上，站了上去，用手去拍，没打着，蚊子飞来飞去，飞来飞去，我踮起脚又打了几下，还是没打着……

我把吊灯关掉，蚊子飞了起来。

啪！我一掌拍中它。

蚊子惨死。

多么有趣的故事场景啊！而且对于图中的每一个图像符号，我们应该都不会感到陌生。因为它们的所指内容，几乎全可在我们日常生活中见到。它们如此简单，以至于不存在任何辨认上的困难，当然也不会因为民族、国别、地域的差异而有较大的分歧。徐冰及其助手还将讲述这些故事的符号变成了一个字库，类似于字典，使得人们在电脑中随时可以使用。在一次展览中，使用不同母语的观众甚至可以用这些符号进行交流。某种程度上，这些符号就是普天下人们共同的“文字”。

《地书》的成功直接表现了人们关于事实的记忆特点，其编码非常简单，而且容易得到传播。这就像我们在课堂学习的其他陈述性知识一样，比较便于大规模、高效率地传播。但是，涉及怎样做事情，如何获得新技能，如何学会使用新的产品，这样的记忆在人与人之间并不容易传递。

不少人在学习如何驾驶一辆汽车的时候，都会感到棘手。教练无法理解为什么自己的学员如此之“笨”。他很疑惑，觉得已经将自己的驾驶经验倾囊而授了，但是学员还是缩手缩脚。然而学员们觉得虽然自己大概理解教练所传授的经验，但是自己操作的时候总是不如人意，也是备受打击。遇到脾气暴躁的教练，学员的身心更加痛苦。那么这个问题在哪儿？问题就在于程序性记忆本身的特点——较难传递性。关于如何驾驶一辆汽车，教练必须基于学员的角度，去发现一种对操作方法的编码，这种编码必须是适用于自己的学员的。这便是千年之前的教育家孔子所谓的“因材施教”。

李煜比较容易记得自己“无限江山”这样的陈述性事实，然而，关于如何治理自己的江山，他并不能从历史典籍中获得半点可用之处。这种程序性记忆的获得是非常困难的。这也正是他“流水落花春去也，天上人间”的无奈。

在操作层面看，产品设计亦是如此。如果产品是基于设计师角度的编码，那么结果往往会很糟糕。如果想让产品的操作被用户理解并熟知，那么产品的使用方法一定要基于用户的相关习惯，而不能是设计师自己坐在电脑前随便想想即可。这将直接涉及用户对产品的印象以及满意程度。

记忆的编码

每当春天来临，户外活动就变得格外惬意与迷人。我们漫步在公园的柳堤，倚靠在木质长椅上，迷人的夕阳将湖水笼罩在暖暖的色调中。朋友们拍下这一景象，并推送到自己的微信朋友圈，引来众多的赞叹。照片中的自己，皮肤更有光泽，姿态也更为优雅，衣服也与环境相得益彰。

然而，理性的我们明白，朋友圈照片中的样子，并不是自己真实的外貌。照片本身已经对我们进行了“处理”。夕阳是最好的自然暖光，那时会让所有的人和物都统一成温暖的色调；较远的距离以及相机的像素并不能拍摄出我们脸上或多或少的斑点与皱纹；甚至有可能我们的脸型非常适合侧面拍摄，换成正面的话，便逊色很多……总之，摄影本身已经将我们自己进行了“编码”（encoding）。而简单地说，“编码”就是人的大脑对外界信息进行的最初加工。这个最初的加工，便导致了记忆的表征。

那个充满诗意的春日下午，随着时间的流逝，却仍然存在我们的记忆中。那么可以确定，我们的大脑对这个事实进行了“存储”（storage）。

或许多年以后的某个春日下午，我们同样惬意地坐在公园的长椅上欣赏夕阳。当然，这时的情境并不一定要和上次一模一样。但是，或者是刚发芽的柳树；或者是长堤；或者是夕阳……这些上次记忆的表征一旦出现，便会“勾起”我们的记忆。我们称这种“勾起”为记忆的“提取”（retrieval）。“提取”实际上也是我们以前存储信息的恢复。

记忆的“编码”、“存储”、“提取”，构成了长时记忆三个主要的因素。

对于产品设计师来说，在记忆的过程中，“编码”的环节是最为重要的！即如何对自己的产品进行编码，从而让用户更加轻松愉悦地使用自己设计的产品呢？

著名知觉心理学家吉普森提出了Affordance的概念，用于阐释人们如何去接受一种编码的途径。当然，他所谓的Affordance，并非仅指视觉领域。但是，我们认为其视觉领域，对产品设计极具启发性。Affordance在唐纳德·A·诺曼的《设计心理学·未来设计》书中，被翻译为“示能”。译者或许取“示其功能”之意。无论如何，我们只需明白Affordance实际上表达了物与人之间沟通的一种关系。其实就是产品需要提供一种编码过程，以便于用户能迅速理解设计师的意图。

在一般的PC机上，我们称“暂停使用”状态为“睡眠”或者“休眠”状态。相比其他品牌的产品，苹果笔记本电脑在这个状态的表现上做了更好的示范。电脑前方有一个LED呼吸灯，这个缓缓呼吸的小家伙就暗示了用户它正在休眠中（图9-13）。这里设计师考虑了更贴近用户思维的编码，用拟人化的视觉效果来表达“睡眠”状态，利于用户进行直观地认知。而且，更让人惊喜的是设计师在呼吸灯节奏设定的把握上。在苹果公司“呼吸状态LED指示灯”的专利中提到，为了模拟出逼真的睡眠呼吸节奏，LED灯的闪烁频率被设定为每分钟12～20次，这正与成年人的平均呼吸频率相符。这让人不得不佩服苹果公司注重细节的态度。戴尔笔记本虽然也有一个睡眠指示灯，但其设定却是每分钟“呼吸”40下，更接近剧烈运动状态下的呼吸频率，所以并没有模拟出对应的呼吸状态。在这个对比中我们就能看到，苹果公司的产品在人体工学的方面也表现出了更强的功力。

图9-13 苹果电脑的呼吸灯设计——一种基于用户的编码设计

但是苹果 iphone6 手机的摄像头，却是一个败笔。其凸出的效果，并没有任何功能上的优势，只增加了用户使用的复杂度。因此，我们可以说苹果手机的摄像头并不是设计的编码，而仅仅是工程的妥协。

总之，好的设计，每一点都应该有非常合理的编码。但是我们要阐明，关于向用户提供 Affordance 的讨论，是基于“以用户为中心”（UCD）的设计前提的。我们不得不承认，工业设计，随着大工业而产生，面对的是众多普通使用者，因此其目的就是为人的设计。但一些为个人的设计，可不以使用者为中心编码，同样也非常有趣。产品可以是设计师自己的编码，不用过分在意使用者。当然这并不是大工业背景下的设计。因此,这样的产品往往没有办法得到大范围推广。

巧妙的实验——感觉记忆的发现

视像的存储其实是对我们视野内事物的快照，其作用是让视觉信息能停留一会儿，大约是1秒左右，这样大脑才来得及对其进行一一加工。Neisser（1967）把这种视觉印象的持续和一段时间内可供进一步加工的现象称为视像记忆（iconic memory）。

至于其将记忆这一术语运用于这类感觉现象是否恰当，还存在一定的疑问。对于很多认知心理学家来说，记忆意味着对信息的编码和存储，其中会用到高级认知过程。尽管视像记忆确实涉及某些存储机制，但是这些似乎与注意等高级过程无关。很多研究都发现，虽然信息能准确地存储在视像记忆中，但是如果没有进行进一步加工，这些信息很快就会消失掉。

早期的实验技术要求被试能记住多少项目就报告多少项目，但问题是，当被试作出口头报告时，时间很可能已经超过了一秒。这样的方式实际上测量的是被试记住的所看到的内容，这可能不同于他们起初所知觉到的内容。视像所包含的内容可能多于我们能记住的。为了解决这一问题，Sperling发明了一种新的方法，叫做部分报告法。

实验者在50毫秒内向被试呈现如下字母阵列：NQSJRLCXG（图9-14）。

如果被试尽可能多地回忆刚才呈现的这九个字母，那么他们很可能会说出4到5个。然而Sperling在呈现了各行字母之后，紧接着呈现高中低3种纯音中的一种。然后以声音为线索，让被试报告相应的三行字母。结果是，被试几乎每一次都能正确地报告每一行字母。由于被试事先并不知道应该报告三行字母中的哪一行，所以我们可以推断，所有9个字母都能被回忆出来，因此感觉存储器中至少可以存

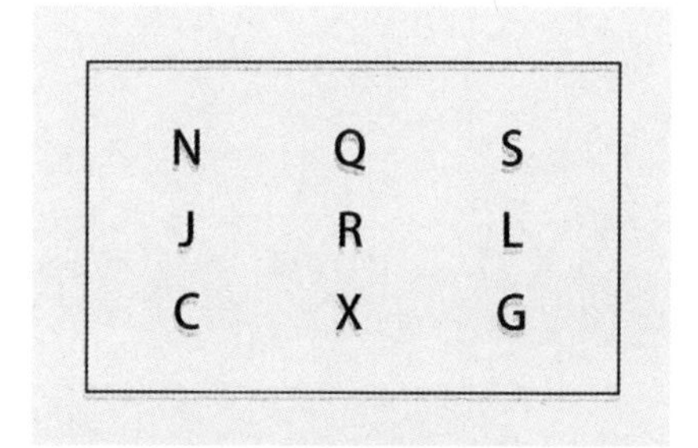

图9-14 Sperling实验用图

放 9 个项目。Sperling 的工作的另一个特点是改变字母呈现和声音信号呈现之间的时间间隔,从而能够测量视像存储的持续时间。如果声音信号的滞后超过 1 秒,回忆的成绩就下降到了全部报告法的水平。(图 9-15)

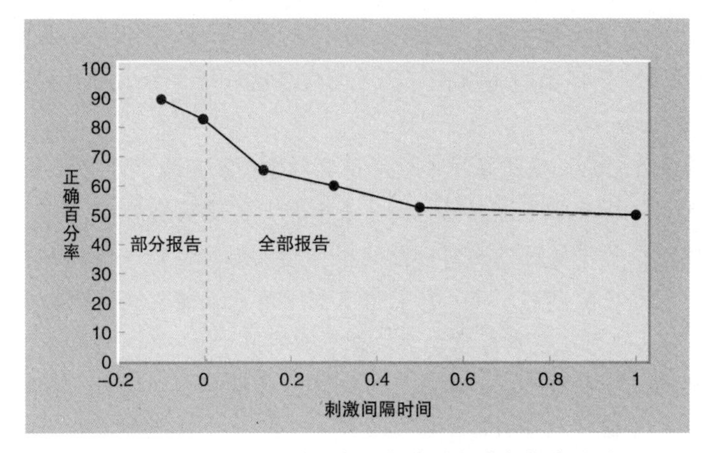

图 9–15　Sperling 实验，部分报告法与全部报告法结果

分分钟的它

我和一位爱吃包子的朋友正在享受美味的南京小笼包时，一位先生匆忙走了进来。

“老板，我要一笼韭菜馅的包子。”

老板略带歉意地说道:“不好意思，我们现在没有韭菜馅的。”

“那请问有什么馅的呢？”那位先生望着我们正在吃的韭菜馅包子，既失望，又羡慕。

“我们现在有鲜肉包、香菇肉包、牛肉包、奶黄包、紫薯包、梅菜包和鲜肉蒸饺。”老板顺溜地答道。

“那……我要鲜肉蒸饺。”

朋友惊呆了:“他变得真快:明明是要进店吃招牌的包子，最后却选了饺子！”

“他真的又想吃饺子了吗？”我也很疑惑。

当老板冲着厨房喊道“一笼蒸饺”的时候，我们发现那位先生满脸的悔意，几次欲言又止。

他不想吃饺子！当他准备踏进一家写着“南京小笼包”的店时，就准备吃包子，而饺子纯属意外。

那么为何会发生这样的意外，最终让一位想吃包子的先生点了一份饺子呢?

这其实是人的短时记忆（short-term memory，简称 STM）导致的结果。包子店的老板提供给了那位先生一连串的选择，而对于那位先生来说，他几乎只能重复老板最后所说的语音内容。但当他说出口时才发现，虽然老板确实前面说的都是包子，但最后一个是饺子。由于短时记忆的后摄干扰，他完全忘记了前面包子的种类，而只能说出蒸饺。

这样的例子在我们的生活中比比皆是。

短时记忆，可以理解为在人类信息接收器和储存广阔信息的知识仓库之间的记忆。这里往往是我们最先处理环境刺激的场所。米勒（Miller）通过对部分脑切除病人的研究发现，结果表明，人们的短时记忆，很有可能存在于到达的颞叶位置。这个发现意义重大，肯定了短时记忆不仅在行为层面上不同于长时记忆，而且确实有一定的生理基础。

那么，我们的短时记忆，到底能记住多少东西？或者说短时记忆到底有多大的容量呢？

实际上，与长时记忆巨大的存储量相比，短时记忆储存的信息量可谓微不足道。据说，人们对短时记忆有意识的发现，可以追溯到19世纪的哲学家William Hamilton。原因是他曾经说过一句话："如果在地板上撒上一把弹珠子，要同时清楚地看到6个以上，或者最多7个，已经是件困难的事了。"（引自Miller，1956年）但Hamilton是否真的做过这个实验，我们并不能得到准确的考证。

1887年，Jacobs也做过类似的实验。他首先以任意的顺序，大声念出一串数字，然后要求被试立即写下听到的数字。

不仅如此，米勒（George Armitage Miller）（图9-16）也有关于神奇的数字7的发现。他1969年担任美国心理学会主席，而在这之前，其著作《语言与交流》（1951年）指明了心理语言学和认知心理学的方向。他在1956年的一篇论文中指出："（数字7）七年来，这个数字始终伴随左右，闯入我绝大多数的个人数据中，在大多数公开杂志上反复凸显在眼前。这个数字表现出各种伪装，十二大一些，十二小一些，却从未有太大改变以至于识别不出。这个数字长期使我苦恼，因为它显然不是偶然事件。其后必然存在一个设计，有某种模式操纵着它的外在表现。"[1]

图9-16　George Armitage Miller在美国第一届心理科学委员会上发言

[1]　转引自 罗伯特·索尔斯．认知心理学[M]. 154.

除此之外，在过去的一个世纪中，心理学家们还运用点阵、豆子、无意义音节、数字、单词以及字母等刺激材料不厌其烦地探索着短时记忆的容量问题。虽然看似荒谬，但直至今天，心理学界基本可以确定，无论哪种类型的信息，短时记忆具有7个元素的容量。

为了让我们更容易理解短时记忆，米勒提供了一种解释：短时记忆可能有一种记忆模型，这个模型能够容纳7个信息单位。不同的表征信息各自填入模型中的空位。奇妙的是，不止单个信息，我们也可以在短时间内掌握7个左右的组合信息。也就是说，我们不光能快速记住7个偏旁部首，还能快速记住7个由这些偏旁部首组合的汉字。因此，米勒认为，7个元素的模型中，其实是7个区域，而每个区域可以容纳同类型的一组信息，这当然极大地扩展了短时记忆的容量。短时记忆这种分组的能力被称之为“组块”（chunking）。换句话说，短时记忆之所以能处理大量的信息，得益于我们能将信息进行组块的能力。然而，即使在短时记忆完成组块之后，如果其中的一些信息没有被激活，组块也不会出现。只有当进入短时记忆的信息与长时记忆中的表征发生关联时，广阔的信息才能帮助我们在看似无关的事物之间发现某种结构关联。

记忆的加工水平

我在背英语单词时，可以说无所不用其极，有时甚至会编出汉语拼音的谐音来帮助记忆。在记忆单词的过程中，我对它编码的程度越深，就越容易记住。在心理学家看来，这是一种很有效的记忆策略，他们称之为加工水平理论（level-of-processing approach），也被称为加工深度理论（depth-of –processing approach）。

提出这个理论的Craik和Lockhart认为：输入的刺激材料会受到一系列分析，最初是浅层的感觉分析，而后进展到更深入、更复杂的抽象和语义层面上的分析。也就是说，从非精细的外部特征加工到精细的语义加工，再到自我评定，三者层层递进，加工水平逐渐提升。而在深层水平上受到加工的信息比仅受到浅层加工的信息更不容易被遗忘。所以，加工水平理论认为信息的深入的、有意义的加工比浅显的、感觉水平的加工会产生更准确的回忆。

一般来说，当我们组织外来信息时，往其中加入更多的意义，那么我们对这些信息的加工水平也就更深入，记忆的效果就会越好。因为我们的联想、表象和过去的经验都会在这个过程中帮助我们对目标对象进行深入的加工。最后的结果就是，我们可以记住这些外来信息。比如有研究表明，深度加工能增强我们对人脸的记忆。如果让人们判断面孔是否看起来诚实善良，而不是判断一些更表面的特征，如双眼是否对称，脸的长短等，那么人们就会识别出更多的人脸。

那么深度加工为什么能提高回忆成绩呢？究其原因，还是因为区别性和精细加工。区别性（distinctiveness）指的是刺激与其他的记忆痕迹不同。假设你正在准备设计史的考试，你想记住建筑巨匠Walter Gropius的名字，这对你的考试成绩非常重要。你会尝试找出他的名字里是否有比较特殊的记忆点，可以与其他相似的名字区分开。如果你有幸找到了这个名字的区别性编码，其他的干扰性名字就不大可能会产生干扰。精细加工（elaboration），是指对意义与相互联系的概念进行丰富的加工。比如碰巧我是个地理爱好者，我非常熟悉代表大地坐标系的“WGS”一词。而这三个字母恰好也可以联想为Walter Gropius的缩写词。而且从含义的角度我又会联想，建筑师就是在大地上画坐标来盖房子的。这样我就初步地将这位建筑巨匠的名字进行了精细加工。

为了更明显地说明问题，一些实验者还在被试身体中注射氧-15示踪剂，并采集PET的影响。行为学数据表明，被试对深加工的单词的再认效果比浅加工的单词好得多。如图9-17所示，深层加工条件下，被试血流增加的脑区面积更多。

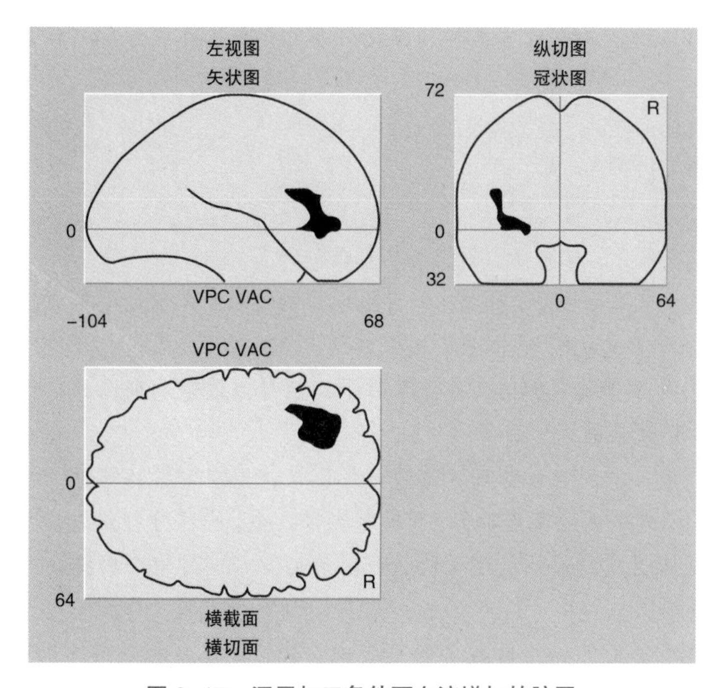

图9–17　深层加工条件下血流增加的脑区

关于自己的都容易记住

自我参照效应，是心理学家们发现的又一种神奇的大脑记忆手段。根据自我参照效应，如果你尝试将记忆任务中的信息与自己联系起来，就会记住更多的信息。比如我总是记不住数字，觉得记忆数字信息非常困难。但是那些与我自己有关的数字我却能较容易地背下来。其实是自我参照效应激发了一种特殊的深度加工。

Rogers、kuiper 以及 Kirker（1977）要求被试根据四种任务之一，对 40 个形容词进行评价，其中包含结构、语音、语义和自我关联任务。典型的指示问题如下：

结构任务：是否为大字体？

语音任务：是否押韵？

语义任务：是否同义？

自我关联任务：与你自己的情况相符吗？

在被试评价完毕之后，要求他们自由地回忆出刚才评价过的单词，越多越好。图 9-18 表明了 Rogers 及其同事的研究结果：根据结构线索进行评价的单词回忆效果最差，而语音线索和语义线索条件下的回忆成效依次提高。自我关联任务中的单词回忆效果最好。

我们分析一下，当大脑加工词语呈现视觉特征或听觉特征时，词语的回忆成绩较差，其使用的是浅显加工；而大脑在自我关联任务中被激发自我参照时效应时，单词回忆成绩最好，这说明自我评价功能是一种重要的编码机制，更容易激发深层加工。

而且有意思的是，在自我参照效应中，我们的自恋特质有着特别的作用。因为我们很容易记住别人对自己的评价，或者善意的，或者恶意的。甚至有科学家认为，在宝贵的大脑空间中，很有可能存在大量被划拨出来专管储存自恋特质的位置。

联想一下我们的生活，当我们考虑一个词语，尤其是带有褒贬性质的词语与我们自身的联系时，就会产生一个容易记住的编码。例如，假设你要决定词语“有品味的”是否可以用到自己身上，你可能回忆起自己曾经在华贸里买了菲利普斯塔克的金色款“外星人榨汁机”（图 9-19），虽说这个玩意没什么用，但至少能证明自己有品味吧。“嗯，这个词适合我。”可以看到，在这个过程中，我们进行了非常复杂的回忆与联想，对材料进行了精细加工。

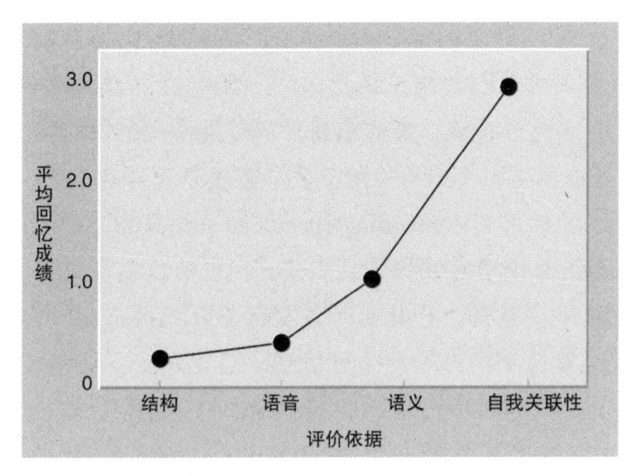

图 9–18　不同加工任务中的平均回忆成绩

图 9–19　Juicer Salif，Philippe Starck 设计，Alessi 生产

其实在这样的自我参照效应中，有一系列的认知活动发生，我们讨论三个可能的认知因素。第一个因素是“自我”会产生非常丰富的线索。毕竟我们对自己的了解和关注胜过一切，我们很容易将这些线索与自己正在学习的新信息联系起来。第二个因素是自我参照的指导语让人们考虑到他们的个人特质之间是如何联系在一起的，比如上文提到的自恋特性，这样会产生更为精确的信息提取。第三个因素是如果识记材料与自我有关，我们就会更频繁地复述，而且可能使用丰富复杂的复述。这些因素都会促进自我参照效应的形成。

环境能提供给我们记忆的线索

你躺在床上，玩着手机，忽然想到要到书房拿个东西，但当你到了书房，却又想不起你到底要拿什么。这样的情景是不是很熟悉？当你身处不同的环境，很奇怪，记忆也随之消失了。

还有，如果你说整洁的房间有利于你发现所找的物品，那么肯定有人站出来反驳你，他们就是那些惧怕别人帮他们整理房间的人。一旦他们自己乱糟糟的房间被别人整理过，那些他们掌握得一清二楚的东西，“噗”的一声，都消失不见了。物品摆设时被赋予的那些环境信息，随着好心的“整理”而消失不见。

这些例子说明了记忆编码特异性原则（encoding-specificity principle），这个原则指出，如果记忆提取时的背景与编码时候的背景相似，回忆的成绩会更好。而提取时的背景与编码时的背景不一致时，你就更可能会记不起那些信息。而编码与提取的背景信息，可以是前两个例子中的地理背景、位置背景，也可以是色彩、声音、味道等信息。

在一个关于编码特异性原则的代表性的研究中，Viorica Marian 和 Caitlin Fausey（2006 年）对智利的被试进行不同语言环境下的记忆测试。研究者让被试听四个故事，两个故事是英语的，两个是西班牙语的。在短暂的延迟后，被试听到关于每个故事的问题。一半的问题使用的语言与讲故事的语言一致，另一半则不同,被试需要用与问题中使用的语言一致的语言来回答问题。结果表明，如果被试听到的故事和回答问题的语言相同，他们的答案会更准确。但是，如果听到的故事是一种语言，回答问题却用另一种语言，他们的准确性就会降低。

其实，心理学家在实验室环境下研究编码特异性所设置的记忆任务往往是再认任务，比如被试必须判断他们是否见过某个特定的刺激。一般来说，再认任务是比回忆任务（被试在脑中重现学习过的信息）更简单的，因为要在回忆任务中重现已学的信息，我们需要众多的线索来减轻我们的脑力负担，而这些线索，正是信息在输入大脑时所需的背景信息。而我们日常生活中的编码特异性通常是用来回忆先前的经验，这些经验有的可能发生在很多年以前。在这些延迟很久的日常生活情境中，编码特异性通常是很强的。例如，当我闻到北京雾霾中弥漫的炮仗般的味道，就立即想到童年在大院中迎春放鞭炮的时光，小伙伴们聚集在一起，好不热闹……

另外，在关于编码特异性的研究中，研究者通常只是操纵了材料编码和提取时候的物理背景。但是，物理背景可能不如心理背景重要。编码特异性原则可能取决于两种环境感觉起来多么相似，而不是看起来多么相似。毕竟，“感觉起来”是“看起来”的下一个加工层次。也就是说，感觉起来的背景信息，是我们大脑认知加工后的产物，它可能是对背景刺激的真实还原，也可能是根据自身经验扭曲了的现实世界。就像每当我们看到温馨浪漫的家庭场景时，都会联想起自己家里团圆的情形。这种相似的背景信息，不在于物理背景的匹配度，而在于环境的整体氛围与印象里的匹配度。

信息如何被转化和存储呢?

我们现在明白了短时记忆容量，大约是7个单位的信息。那么这7个单位的信息，在进入我们大脑中时，受什么因素影响呢?

这个问题的解答，涉及短时记忆的信息编码。让人意外的是，虽然我们往往是以视觉的形式来探测环境中的信息，但是，相关实验表明：短时记忆似乎是以听觉编码的形式执行的。所以其中一个重要的因素，就是有利于短时记忆进行编码的听觉。除了听觉以外，还有常识记忆和记忆目标的引导和影响。它们共同作用，决定我们获取的信息是否会成为被遗忘的“过客”。

对记忆稍有了解的人，可能都知道一个关于遗忘曲线的图式（图9-20），这个曲线是由Hermann Ebbinghaus（1850 ~ 1909年）提出的。Ebbinghaus是对记忆和遗忘进行系统研究的第一人。在其1885年出版的著作《论记忆》(On memory）中，他用实验和直觉说明如何对短时记忆进行信息加工，以有利于这些信息进入长时记忆中去。

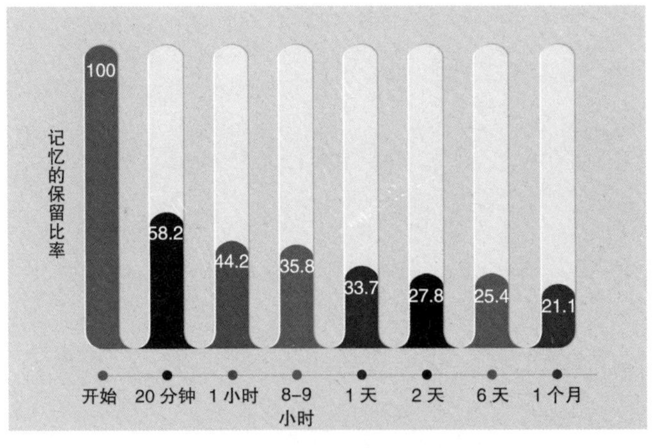

图9–20 艾宾浩斯记忆曲线

哈佛大学的William James（1842-1910）继续着Ebbinghaus在这方面的探索，并且提出了二元记忆理论。他的研究对信息加工理论和现代记忆理论都产生了直接的影响。1890年出版著作《心理学纲要》(Principles of Psychology)。James提出了与短时记忆密切相关但并不完全相同的另一个概念，那就是初级记忆（primary memory)。初级记忆总是会忠实地再现刚刚知觉到的事实。与其相对的,还有次级记忆(secondary memory),或称为长时记忆。在《心理学纲要》中，James对初级记忆描述道:“一些思想就像印章下的封蜡一样，就算是与其他事物毫无联系的印迹，也不会消退。另一些则像果冻，一碰就动，但是在通常情况下留不下什么持久的印记”。

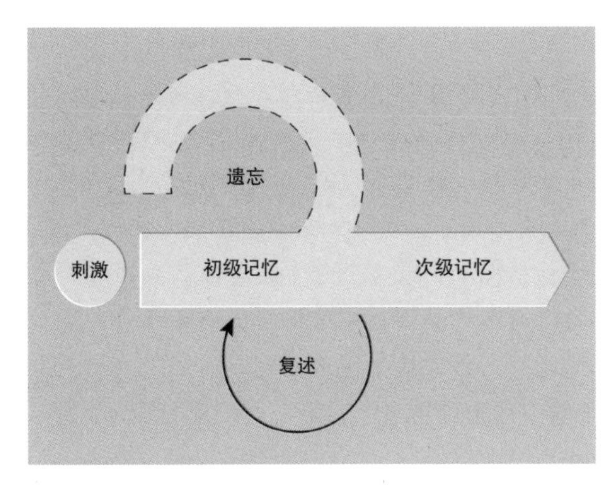

图9–21　初级记忆和次级记忆系统模型。来自Waugh和Norman（1965）

James对记忆所作出的这种区分，大约在75年之后才被证实。Waugh和Norman（1965年）借鉴了James关于初级记忆和次级记忆的两分法，并用一个简单的图式描述了初级记忆和次级记忆之间的关系，图9-21中所示的模型描绘了他们的观点。他们认为，进入初级记忆中的信息，如果进行复述，就有可能进入更为长久的记忆库中，也有可能会被遗忘。

他们俩做了一件James从未动过念头的研究。那就是定量地描述初级记忆的属性。他们认为初级记忆的存储容量是很有限的,所以存储其中的信息会消失。这不仅是因为时间的流逝，还因为新的项目会替代旧的项目。可以把初级记忆理解为一个储物架，信息被存储于一格一格的插槽之中。如果所有的插槽都被占用了，新来的信息就会取代已存在的信息。

为了探寻这个记忆的存储去向问题，它们进行了如下的实验。实验采用包含16个数字的列表，实验者以每秒1个或4个的速率将数字读给被试听。读到的第16个数字是探测数字，这个数字曾在第3、5、7、9、10、11、12、13或者14的位置上出现过。当读到探测数字时，会伴随有一个纯音，提示被试要以这个数字为线索，回忆它第一次出现时在它后面的那个数字。一个典型的数字系列是:

7951293804637060 2（纯音）

在这个序列中，正确的回忆答案应该是数字9。要注意的是，在探测数字出现的位置与它首次出现的位置之间，有10个数字项目会产生干扰。而被试并不知道将会提取其中的哪个数字，所以无法集中注意力复述任何数字。

实验者选择每秒呈现1个或4个数字的速率，目的就是为了在快慢两种情形中进行对比，确认遗忘的原因究竟是记忆的消退还是初级记忆的干扰。在相同干扰信息量的情况下，如果数字慢速呈现时的回忆成绩更低，那么遗忘就是消退导致的;如果数字在两种速率下的回忆成绩差别不大，那么遗忘就是由初级记忆的干扰导致。

实验结果与最初的模型所预期的遗忘率一致。图9-22中表示了两种呈现速率下的遗忘率是相似的。对于初级记忆的遗忘，干扰作用显得比消退更明显。也就是说，在一定的信息干扰下，初级记忆会留存言语信息并能进行逐字逐句地提取。我们能完全精确地复述出我们刚刚听到的那一句话的最后一部分，即使我们对听到的内容几乎未加注意。

然而，像James这样对我们的记忆系统进行非常明显的两分而没有举出额外补充的观点，并没有得到Alan Baddeley的承认。他认为短时记忆或者所谓的初级记忆，实际上是长时记忆或者次级记忆的一个特殊的组成部分，他承认短时记忆有一些它自己的特征，并将这一类记忆称为工作记忆（working memory）。

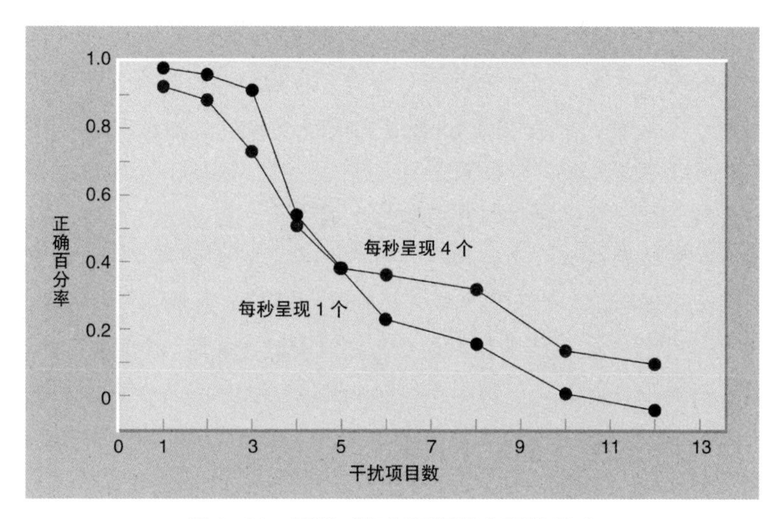

图 9–22　干扰对初级记忆遗忘率的影响

总会有遗忘

无论如何，短时记忆或者初级记忆，都有可能会随着时间的流逝而被遗忘。那么，它们的遗忘时间到底是多长呢？

Saul Sternberg 在这一问题上进行了非常有效的实验，并且这个实验的技术就是以他自己的名字命名的。Sternberg 使用这个技术，向被试呈现一系列信息，且每个信息只出现 1.2 秒。这些信息是完整的系列，以便于被试形成短时记忆的集合。当然，被试可以在 1 到 6 个信息之间选择，因为这没有超出人们短时记忆的范畴。当被试确认自己记住这些信息之后，测试者便按键。随后测试者会给出一个探测信息，这个信息可能属于被试短时记忆的集合，也可能不属于。而这时，被试需要报告这个信息是否是自己之前所记的信息。这项实验的结果是，被试的回答基本不会出错。不仅如此，Sternberg 还记录了从探测信息出现到被试作出反应之间的时间。后来，人们称这个实验的结果为斯坦伯格范式(Sternberg paradigm)。

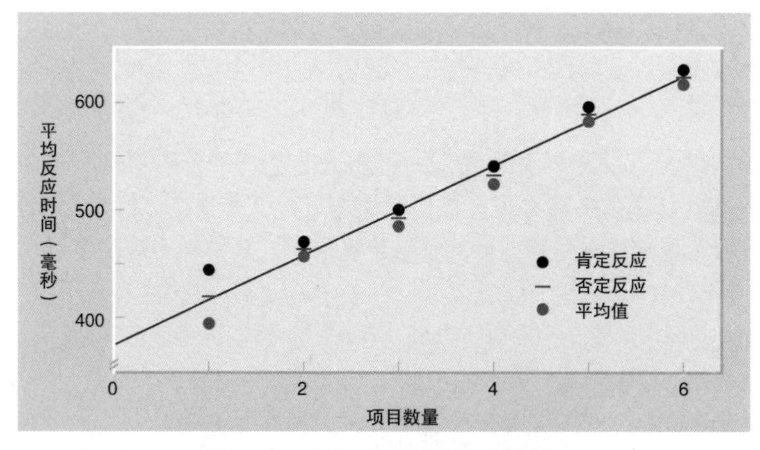

图 9–23 记忆项目数量与反应时间

从实验中可以看到，记忆的集合越大，需要的反应时间就会越长。也就是说，在短时记忆中，信息量越大，我们提取信息的时间就会越长。这个结果与我们预想的一样，并不是很意外。但有启发性的是，从探测信息出现到被试作出反应之间的时间，实际上就是记忆搜索的时间。这就表明了短时记忆提取的时间。除此之外，还有两个重要的发现。

如图 9-23，第一个发现是：被试在试验中的反映时间随着短时记忆项目数量的增加而同比增加。似乎在短时记忆的集合中，单个信息的提取所需时间是确定的，而整个记忆所需要的时间便是单个信息提取所需时间的累加。

另外，实验还发现：无论探测信息是否属于被试的短时记忆集合，被试的反应时间都一样。比如，数字 6 属于被试短时记忆中的第一个信息，而 8 不属于。那么按理说，探测信息为 6 时的反应时间应该比探测信息为 8 的更短。但实际上，实验者给出 6 和 8 的探测信息后，被试的反应时间一样。即在这个范式中，人们对记忆的搜索不是自我终结式的，而是穷竭式的。我们知道，计算机对存储的信息进行搜索时，就是自我终结式的。一旦它检索到命令给出的信息，则停止搜索。毫无疑问，计算机的工作方式更加高效。那么为什么试验中，被试遇到短时记忆中的第一个信息就是探测信息时，还要“多此一举”地把系列中的其他信息也搜索一遍呢？

我们认为，从 Sternberg 的这个实验来看，至少在短时记忆范围内，我们人类对记忆的提取与米勒认为的记忆编码一样，也是组块的。在被试的记忆中，实验者给出的那 1 到 6 个信息，已经是一个整体，而区别于被试的其他记忆。被试认为这组数字是他这次作为被试所记住的一个整体，它们彼此密不可分。因此，当被试要从这一系列整体的数字中提取一个数字时，他脑海中首先出现的应该是一个整体，而非单个的数字。下一步，他才会从这一系列数字中去寻找探测信息给出的数字。

显然很难对以上推测进行试验，不过我们在日常生活中，并不缺乏相关的经验。比如高中语文考试的诗词填空题会让人感到很棘手。考题截取某一首诗或者一篇文言文中的一句话，或者给出上句回答下句，或者给出下句补充上句。

每次考试中，能够在这类题目中拿到满分的同学少之又少。是因为我们没记住课文吗？不是。是因为即使我们能熟练背诵课文，也还是会在考试中突然记不起那句话的前一句话。为什么呢？我们用 Sternberg 范式来推测一下，我们对一首诗和一篇文章的记忆，属于整体记忆。在考试的时候，需要我们从整体中提取其中一个信息，我们就很难迅速反应出来，所以往往我们会再一次把整篇课文回忆一遍。

再比如说亚马逊中国网站上的“一键式购物”功能，本来是想提供给用户便捷流畅的购物体验，却并没有得到用户的认可。因为目前为止，所有同类购物网站上的订单确认流程都会在 2 至 5 步之间。在中国消费者的记忆中，已经形成了对于下订单的整体记忆，他们没有形成一键购物的经验。一旦使用这样的“缺步骤”流程，人们会很难适应，也会怀疑这个流程的可靠性。

记忆为何要离去?

从 William · James 的二元记忆理论（dualistic memory theory）中我们知道了，我们的感觉系统所接受的信息会被迅速地转换到初级记忆存储器中，接着，这些信息要么被其他新进入的信息取代，要么通过复述而被保留。由于大量其他信息源源不断地涌入，短时存储器中保存的某些信息会被新信息排挤除去，成为离开的“过客”。

回想一下你购买冰淇淋的情形，当服务员报完一系列可选择的口味后，你是不是只记得清最后一种口味和第一种口味？是的，我们根本没有足够的时间和脑力来记住这一连串的词语。但颇为奇怪的是，为什么我们偏偏记住了第一个和最后一个呢？

其实这样的现象很普遍，一般来说，当一个人学习了一系列项目，然后对其进行自由回忆时，就会出现这样的系列位置效应。即位于系列信息开头和最后的信息比在中间的信息更容易让人回忆起来（图 9-24）。其中，较容易回忆起

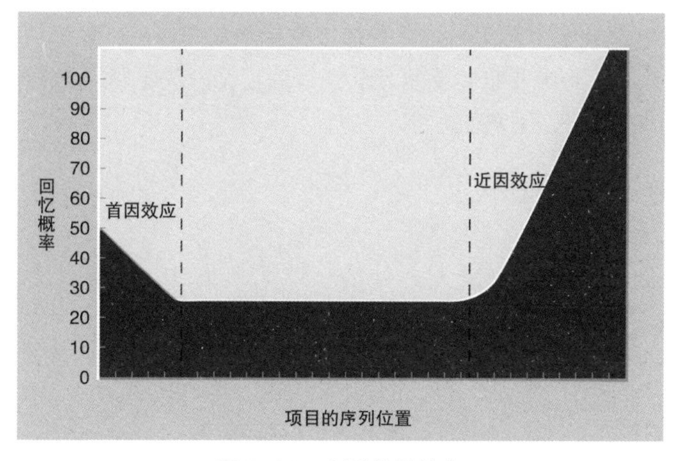

图 9–24　序列位置效应

来的靠后信息叫近因效应，而很容易回忆起来的靠前信息叫首因效应。这种事实与二元记忆的观念其实是一致的。因为最先学习的项目往往会得到最多的复述，而最后学习的项目又面临更少干扰的排挤，所以它们的记忆转化往往比其他的学习项目更具优势。

配对联想法的首因效应和近因效应是由James的学生Mary Calkins发现的。Calkins在研究配对联想时，把彩色卡片和白底黑字的数字卡片配对。在被试学习完配对材料之后，向其呈现颜色，令其回忆相应的数字。

打个比方，在检验首因效应和近因效应的研究中，Calkins会在一个序列中呈现2次蓝色，但每次与之配对的数字则不相同，这样就能确定测量阶段中的哪一个数字会被记忆。在近因效应的检验过程中，同样的颜色分别在序列的中间和末尾呈现，被试回忆起末尾数字的比率约为54%，相比之下，中间的数字被回忆起来的比率约为26%。当同样的颜色分别在序列的开头和中间呈现时，Calkins发现绝大多数被试都会回忆起开头的数字。不过，对于较长的序列，这种效应存在个体差异。

获得启发的是，为了最大限度地提高记忆，我们应该把重要的信息放在系列信息的开头和末尾，而不是中间。如果以视觉方式呈现，则要把重要信息放在开头。如果以听觉方式呈现，则要把重要信息放在结尾。如果项目呈现后需要立即做出决定，则需要把重要项目放在最后呈现，以增加其被选中的可能性。相反，则在系列的开头呈现。

记忆该有多长?

我时常想：如果要画出我们记忆的轴线，那该多长？我们能记住多久远的事物？

54岁时，让·雅克·卢梭在《忏悔录》的开篇写道："这是世界上绝无仅有、也许永远不会再有的一幅完全依照本来面目和全部事实描绘出来的人像。不管你是谁，只要'我'的命运或'我'的信任使你成为这本书的裁判人，那么'我'将为了'我'的苦难，仗着你的恻隐之心，并以全人类的名义恳求你，不要抹煞这部有用的独特的著作，它可以作为关于人的研究的第一份参考材料，这门学问无疑尚有待创建；也不要为了照顾'我'身后的名声，埋没这部关于'我'的未被敌人歪曲的性格的唯一可靠记载。"

作为一本法国青年教育的重要著作，书中的内容主要是卢梭所"回忆"的自己54岁之前的生活。我们看到，卢梭在文中宣称自己记忆的真实可靠性，尤其对"本来面目"和"全部的事实"进行强调，让我们不得不信服卢梭的记忆力。当我在阅读这本著作的时候，也时常惊讶，文中那么多的细节，他竟可以再次一一描绘。比如他第一次与女孩子约会时候的天气、景物、人物的表情……似乎是他刚刚经历的一样。

其实，中外历史上，从不缺乏卢梭那样有才情的人。中国古代的怀古或者回忆主题的文学作品就多不胜数。欧阳修在《忆江南》中，对自己记忆中的江南风物，也有着诗情画意的描绘："江南柳，花柳两相柔。花片落时沾酒盏，柳条低处拂人头。各自是风流。江南月，如镜复如钩。似镜不侵红粉面，似钩不挂画帘头。长是照离愁。"诗句中关于江南的柳、花、月的意象选择一方面是沿袭了文学中江南代表意象的传统，同时又融合自己关于江南的记忆。在欧阳修这里，这些江南的意象：拂柳、落花、钩月，全是离愁的象征。

无论是情感细腻、辞藻丰富的文学家，还是我们普通人，都或多或少地保留着长久的记忆。就像我通过外公编的竹扇，还能记起外公的音容笑貌一样。

外公以及外公编的竹扇，没有随着时间的流逝或者其他记忆的干扰而消退。如果没有意外，我会一直记得这个故事以及故事中的人和物。

这就是所谓的“长时记忆”。某种程度上说，我们的生命有多长，我们的记忆就应该有多长。

亨利的海马回

人类关于记忆与生命体关系的研究，在20世纪刚刚起步。这一切源于1953年，美国哈特佛市的斯克维尔（Dr. Scoville）医生建议一位叫亨利的癫痫病人，进行前脑叶白质切除术（lobotomy）。他认为亨利的癫痫发作，可能就是因为大脑颞叶深层受到了刺激。而颞叶部位就是海马回(图9-25),那时学者们普遍认为，那里是脑部的即时反应区。

事实上，当时人们对脑部的了解还很有限，对待脑部有问题的精神病人，人们仅用一些经验性的方法来掩盖自己的束手无策。比如精神病科医生发现，病人在乘坐颠簸的火车时会变得平静，就开始尝试摇晃病人来进行治疗。还有医生发现，病人得疟疾时精神会好转，便故意让重度精神病患者吃泻药产生疟疾来缓解病情。而稍微有实验经验可谈的是，1929年，心理学家拉什利（Karl Lashley）发现，移除活鼠脑部的不同区域后，老鼠的记忆并不会受到影响。因此他得出结论，我们脑部对记忆的管理，并没有专区，我们的记忆存在于整个大脑皮层。斯克维尔医生接受了这个观点，认为切除亨利大脑中的一部分，不会对亨利的记忆造成影响，所以毫不怀疑地决定移除亨利的海马回。

因为是局部麻醉，手术进行时，亨利几乎可以清醒地感受到手术的每个步骤:在眼睛上方钻了两个洞，然后伸入细小的手术刀，探触大脑，并掀起前额叶。将一根导管缓缓插入大脑，吸出两侧形似海马的粉灰色组织。由此，整个海马回就被移除掉了。

手术后，亨利癫痫发作的次数明显减少。但让人意想不到的是，他的记性却越来越差。他能认出自己的母亲，但手术之后认识的人、知道的事他会很快忘掉。50年后仍然是这样，每次听到别人提起他母亲去世的事，都会失声痛哭，总以为母亲是刚刚去世。这样的遭遇让人不禁心生同情。这个事件发生后，亨利在医学相关的文献中就被称为“H·M”。外科医生们会极力避免将双侧的内侧颞叶都切除，而实行“单侧颞叶切除术”，在今天仍然是治疗某些癫痫病人的成功手段。

但是显然，亨利的手术结果是不尽人意的，然而 1957 年，斯克维尔还是发表了手术结果。这个结果足以震惊当时的心理学界！其手术的过程让专业的人士惊骇不已，却挑起了人们对于大脑功能更大的好奇心。米尔纳便是其中之一。当他听到亨利的案例之后，便携带了一叠记忆测验，前往了哈特佛市。他想弄清楚亨利失去了哪些心智能力，还剩下哪些心智能力。

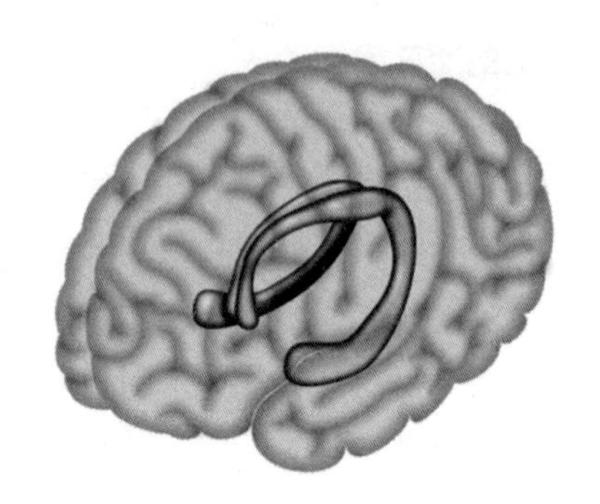

图 9–25　海马回图片

米尔纳发现，亨利记不住五分钟前的对话，但记得怎么走路；亨利起床后不会主动刷牙，但只要把牙刷给他，他自然就会刷；亨利不记得自己的相貌和年龄，但如果带他回家乡，他可以快速找到自己以前的住所。所以米尔纳认为，这些表现应该也是某种形态的记忆。他通过多年的测试与观察，以亨利为证，提出了重要的观点：海马回贮藏了个人经历的重要细节，甚至可称之为意识的核心（the core of consciousness）。但脑部另有一个记忆系统，叫程序记忆（procedural memory）。这个系统确保我们即使想不起爸爸的长相，也能记得爸爸曾教会我们的骑车技能。也就是说，记忆至少包含了两个层面。而之后的记忆研究便多以此结果为基础，再探寻其他类型的记忆系统。

是时候知道记忆的运转机制了！

亨利事件发生时，埃里克·坎德尔（Eric Kandel）（图 9-26）正在观察并记录猫的海马回细胞状况。坎德尔 1929 年出生于奥地利的维也纳，童年生活优渥而有趣，之后随家人移居美国。1956 年，他获得纽约大学的医学博士，1974 年至今，他一直担任哥伦比亚大学生理和心理学系的教授。他也对亨利的经历感到惊愕和好奇。与米纳尔不同的是，坎德尔的目的，是要真正找到人们记忆的生理学基础，即记忆的发生与我们脑部的神经元之间到底有何种关联？

图 9–26 Eric Kandel. 精神病学和生理学家，2000 获得诺贝尔生理学与医学奖

在 20 世纪五六十年代，学界普遍认为，不能通过简化的动物实验来研究人类的学习行为。但坎德尔却认为："凡是神经系统会随经验增长的生物，学习形态都大同小异，因此必能从细胞与分子的作用分析出学习的基本形态。"而且他坚信："要了解极端复杂的心灵，需要高度简化的研究方法。"所以他最后选择了海蜗牛来进行研究，因为海蜗牛只有两万多个神经元，且大部分是肉眼可见的。

在实验中，坎德尔发现，习惯化（habituation）、敏感化（sensitization）和经典条件反射这三种学习方式可以改变海蜗牛腹足黏液腺的生理反射。于是他继续探寻海蜗牛学习新事物时神经元发生的变化。他通过放大镜和摄影机观察发现，海蜗牛的神经元受到电击后，会释放出神经传导物质，通过突触在彼此间传递，而且在强化刺激与反应的连接过程中，神经元的连接也会更加紧密。所以学习一项任务时，每练习一次，脑部就会重现一次对应的神经元网络。反复练习后，这些神经突触间的物质交流就越顺畅，连接就越强，就跟人会熟能生巧一样。

这个实验直接反映了记忆运作过程中的细胞反应，在当时的认知心理学界简直振奋人心。但坎德尔还想搞明白亨利的事件，搞清楚短期记忆是如何转化为长期记忆的。因为即使亨利切除了海马回，但依然记得母亲的面容，形成了相应的长期记忆。

为了探个究竟，坎德尔从海蜗牛的脑核中取出两个神经元泡在溶液里，一个命名为1号，另一个为2号。然后控制这两个神经元，让它们产生互动。当1号神经元长出神经突触连结2号神经元时，就形成了记忆最基本的形态。其实这种互动归因于神经元内部的“反应结合蛋白”（cAMP-response element binding protein, CREB）。它可以刺激特定基因来制造相应的蛋白质，强化细胞间的连结，就像是细胞的黏合剂。如果将1号神经元中的“反应结合蛋白”隔离，这两个神经元就不会产生这种互动，神经元也不会进行与长期记忆相关的活动，如蛋白质合成、长出新突触。

坎德尔对记忆的生理学基础作出了巨大贡献，并获得了2000年的诺贝尔生理学奖。也因为他的贡献，现在我们知道了记忆的产生与我们大脑中的神经元活动密切相关，并且有一种物质可以加强神经元之间的连接。因此，只要我们能够合成这种物质，并注入大脑，岂不就能增强我们的记忆？如此一来，我们再也不用为自己语文课上的默写背诵担忧，而老年痴呆的病症也能迅速得到治疗。一些动物研究表明，当出现兴奋性事件时，肾上腺髓质会加速向血流中分泌肾上腺素，后者被证明能够促进记忆的巩固。或许肾上腺素并不是直接激活了大脑突触，但它能使糖原转化为葡萄糖，从而提高血糖水平，为大脑提供养分。一些实验研究支持这种观点，如果学习后立刻注射葡萄糖，能增强后续对时间的回忆（Gold于1987年提过该理论；Hall和Gold于1990年一起提过该理论）。但遗憾的是，目前为止，有关药物及其使用的研究还在进行中，我们不能仅仅依靠药物来改变我们大脑的记忆系统。毕竟，万一我们也成了不幸的“亨利”呢？

想记住枯燥的知识？有好多办法！

既然现在不能依靠药物来改变大脑的记忆系统，那我们该用什么办法来增强自己的长时记忆呢？有没有什么环保又安全的技巧呢？

信息学家们发现，我们对自己的某些经历会记得更牢，比如让人兴奋的、紧张的，甚至是痛不欲生的。这些与自我相关的体验往往比理论知识更让人印象深刻。

至于事件发生的情绪是否会影响我们的长时记忆，至今还存在分歧。一些人认为“对记忆重要性和情绪性评估值与其可回忆性之间没有明显的相关。”但另外一些人认为“长时陈述性记忆始于大脑皮层向海马结构发送信息之时，这一过程通过快速反复地刺激皮层上的神经环路而增强了记忆。长时记忆的强化过程可以通过意向性活动而实现，比如多次重复电话号码；某些情况下也可能通过非意向性活动而实现，比如在床上经历或伴有情绪体验的经历。例如，我们可以生动地再现一场车祸的细节而无需对该事件进行刻意的复述。”

虽然如此，我们仍然有一些比较确定的可以增强长时记忆的方法，比如我们曾提到过的加工水平理论和自我参照效应。

还有，一般说来，情景式或者沉浸式的记忆会让我们印象深刻。游乐园中过山车的惊险刺激和鬼屋的彻骨阴森，会令我们终生难忘。一些空间感极强的建筑，比如美术馆、博物馆等，总会引导我们的意识在其中游荡。当观众游览宁波博物馆时（图 9-27），每出一个展厅，便会遇见明亮的天空，不禁产生时空穿越之感，仿佛身处历史的隧道。在中国古代的造园思想中，一直就注重意境的营造。成功的意境营造是“虽由人造，宛自天开。”这种高超的自然意境，同样可以增强人们的记忆，令人过目难忘。2016 年春天，在首都博物馆举行的商代妇好墓的展览上，除了用帘子隔开一个个区域，以表现妇好作为女性的特点，还配备了 VR 眼镜，让观众可以看见整个墓葬一层层的结构，让人记忆深刻。

这些都是因为情境对记忆产生了影响，而且如果人们在情境中还有参与，增加了在情境中的沉浸感，那么记忆将更深刻。就像自己开车去看风景和坐在电视机前看风景的体验是完全不同的。为了更清楚地分析，我们还可以将情景式的记忆分为三个层面：第一层，观众可以欣赏到景观的全貌；第二层，观众体验的时候具有参与性、互动性；第三层，整个环境是观众自己建构的，比如在电脑游戏中的战争场景的搭建。这三个情景式记忆层面的效果是逐次递进的，用户的参与度越高，效果越好。

图 9–27　宁波博物馆

此外，还有一种冯·莱斯托夫效应，也称单独效应或者新奇效应。这是一种人们对特殊事物比普通事物更容易牢记的记忆现象。当某件事物与以往经验中的明显不同，人们就会产生经历的差异感，引发更深刻的印象。当然，我们可以有意识地利用这个效应，在描述或者设计中充分突出重要的信息。例如，相对于典型的同类事物、特殊的单词、句子结构和图像更能被人牢记，因此可以考虑运用它们来提高趣味性，增强记忆性。还有，最近去世的后现代主义建筑设计师扎哈·哈迪德利用模数化的工具设计的建筑，就非常完美地利用了这种单独效应。因为他们事务所的作品在其他建筑中总是显得“鹤立鸡群”，具有脱颖而出的视觉体验，让人印象深刻。同样，在工业产品设计领域，一些后现代样式的产品外形（图 9-28），也让人们眼前一亮，记忆深刻。

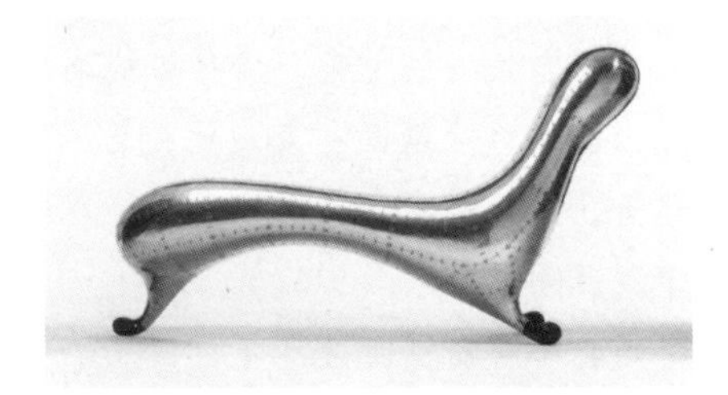

图 9–28　lockheed 躺椅，马克纽森设计。因其独特的外形，而让人过目不忘

但值得注意的是，我们在运用单独效应时，应该有选择地突出部分信息，而如果每一样都凸显，就等于没有凸显，所以使用这一效应时应保持理智和谨慎。

另一方面，识别记忆比回想记忆会更容易。我们对事物的识别往往比单纯从记忆中回想起它要更简单，因为识别工作本身提供了从记忆中搜寻的线索。比如，我们做对选择题的概率比做对填空题的概率要大很多。因为选择题的选项中包含了正确的答案，这些答案会给出线索，让我们迅速回忆起知识内容。而填空题或者简答题则没有给我们的回忆提供线索，需要我们在更广阔的记忆范围中进行搜索。再比如，在复杂系统的界面设计中，会经常用到识别优于回想的理论。早期的计算机系统采用命令式界面，需要用户记忆大量的命令，而现在则是以图形菜单来呈现命令选项，只需要用户浏览并进行选择。

而且，在决策的时候，我们也很容易受到识别记忆的影响。我们通常会优先选择熟悉的选项而不是陌生的选项，即使这一陌生的选项才是最佳的选择。也就是说，通常情况下，用户很难接受一种全新的产品或包装。保留一些原有的识别性，采用改进性的叠加对于用户接受度来说会更合适。而且无论如何，尽可能地减少用户不必要的回忆工作。使用快捷可用的菜单，决策帮助和其他类似的设置，并使它们清晰可见。

某些情况下，我们还可以尝试将自己的记忆转化为情节记忆。Tulving 将记忆分为了情节记忆和语义记忆。情节记忆（episodic memory）是一种让人记住过去发生的事的记忆系统。它存储了关于个人经历的信息，并使我们能够在各自的时间经历中回溯过去。而且相比其他记忆，情节记忆往往更容易被记住。比如我们对第一次亲吻，第一次看见大海的印象会更深刻。情节记忆不断地经受检验，并因此而发生改变。苏轼在《江城子》便感叹道："十年生死两茫茫，不思量，自难忘。……夜来幽梦忽还乡，小轩窗，正梳妆，相顾无言，惟有泪千行。"

最后，还可以尝试组块化记忆。人们在实验中发现：人们的长时记忆常常是成组块进行的。而日常生活中，我们似乎已经对这个特点运用自如，见图 9-29。比如核电厂控制台、火箭发射控制台、飞机驾驶室等，因为有众多的操作按钮，因此设计师们会把这些按钮进行功能分区，以确保用户在操作的时候不会出错。而普通产品中，汽车的驾驶界面也从复杂而逐渐变得简洁而明晰，如宝马 7 和奔驰 S 级内饰。而目前大受追捧的电动汽车特斯拉，其驾驶的操作界面仅仅是一个大屏幕。

图 9-29　组图，核电控制台、飞机驾驶室、奔驰 S 内饰、特斯拉 Model X 内饰

它，真的是我们记忆中的样子吗？

那么，我们的长时记忆都是真实的吗？

柏拉图认为“记忆是纯粹且完美的，过往经历皆完好地收藏在记忆中，随人回顾怀想。”弗洛伊德觉得记忆由梦境与现实交杂而成，有时记忆就像是重播的影片。

任教于华盛顿州立大学的实验心理学系的洛夫特斯（Elizabeth Loftus），在加利福尼亚大学洛杉矶分校获得数学心理学学士学位后，进入了斯坦福大学研究生院。就是在这期间，她开始了对人类的长期记忆的研究。

在洛夫斯特的实验里，她先让被试观看影片，然后让被试描述自己在影片中看到的物品。比如她会暗示性地问被试：“那个标志不是黄色的吗？”这时，被试几乎都会附和地说那个标志是黄色的，即使他们看过的是红色的。再比如片中有个情节是戴着头盔的男子受伤倒地。她问被试：“那个人有胡须吗？”几乎每位被试都会回答有胡须。然而事实上，在影片中根本没法分辨出男子是否有胡须。所以洛夫斯特说：“现实与想象只一线之隔。”她用实验证明，微乎其微的暗示就会影响记忆的真实性。

洛夫斯特的说法引起了不少关注，也受到了不少质疑，因为人们很难接受自己的记忆会扭曲这样的观点。不过最重要的是，洛夫斯特和她的理论确实可以帮到不少人。在 20 世纪 70 ~ 80 年代，洛夫斯特曾协助多位律师指证目击证人的描述与事实不符。

但是有一桩案件的结果却令她心寒。一位女士指控自己 63 岁的父亲在 20 多年前强暴并杀害了她的好友。洛夫斯特在法庭上指出，人们习惯将事实和现象混淆在一起，对自己加工改造过的记忆也会当做是真实发生过的。他也举出这种现象的证据：自己的实验结果——比如被试会把红色的标志改成黄色。然而最后的判决结果是富兰克林有罪。这样的结果让她决定进行后续的研究。

她设计了新的实验。这项实验分为多个阶段。正式实验前，要进行预试，为虚构情节可能扭曲记忆提供一定的实证。为此，她让自己的学生想办法使自己的兄弟姐妹产生假记忆，并且用录音记录下对话过程。

之后，洛夫斯特开始了 24 个人参加的正式试验。她为每位被试准备了一份手册，内容是四则幼时经历的事件。其中三则是由家人提供的真实事件，而另一则是杜撰的在购物中心迷路的经历。试验结果让人感到惊讶。有 25% 的被试会突然想起自己曾在购物中心迷过路。“这些人对无中生有的事情侃侃而谈”，对这个杜撰的记忆显得“印象深刻”。其中一个女孩还描述出自己迷失后看到超市中的景象。当他们知道这一切纯属虚构后，也感到震惊。所以洛夫斯特指出，记忆会随时间的推移而逐渐衰退，并不会持久存在。

那么，创伤的记忆，是否能真实地还原呢？因为一般来说，创伤事件总是更刻骨铭心的。于是洛夫斯特和她的同事们又做了一个关于飞机爆炸对民众印象的调查。他们访问了若干民众，询问并记录下他们事发时是在什么地方待着的。三年之后，再采访这些人，结果绝大多数人的回答却发生了明显的变化。原来说在煎蛋的变成了在切肉；原来说在厨房的变成了在海边；原来说在电话亭前的变成了在博物馆里面。很明显，连创伤的记忆也会发生扭曲。

这个结论又受到了众多的质疑，哥伦比亚大学医学教授 Eric Kandel 就不认同洛夫斯特的观点，为此他进行了多项实验。如果洛夫斯特所说属实，我们就不能相信自己的回忆了，那么我们过往的生命还剩下什么呢？想象一下，我们跟自己相爱的人在一起多年，分手后连记忆也是虚假的，这是否有些太残忍。我们的亲人，他们一一离我们而去，如果我们认为自己关于他们的回忆并不真实，那么，我们的生活还可以相信什么呢？

针对这个问题，现在心理学家们将我们的记忆划分成了重构性的和建构性的记忆。重构性记忆（reconstruction memories）是先汲取世界事实，然后再精确地消化这些事实。而建构性记忆（construction memories）是先前经验、事后信息、知觉因素甚至个人主观的意图都会一起影响回忆内容的类型。其实在现实生活中，我们的回忆都是建构式的，我们的记忆不仅仅是简单的重构。比如我们读到辛弃疾对自己年轻时的回忆：“想当年，金戈铁马，气吞万里如虎”就应该属于辛弃疾自己建构性的回忆。

而记忆的建构性，意味着我们可以控制产品的美誉度和知名度。一般说来，在日常生活中，用户对产品设计的印象几乎都是建构式的。如果用户觉得某个产品非常容易掌握，或者对其有特别的回忆，那么这件产品对用户的影响力就不同。广告便是渲染出一种好的氛围，从而让人容易建构好的产品印象。比如可口可乐的宣传广告（图 9-30），总是营造出欢乐向上、团聚分享等积极美好的氛围，让人对这个本不利于健康的饮料充满了正面的印象，以至于聚会类场合总有它出场。

图 9-30　可口可乐宣传图

第十章　左右设计的情感

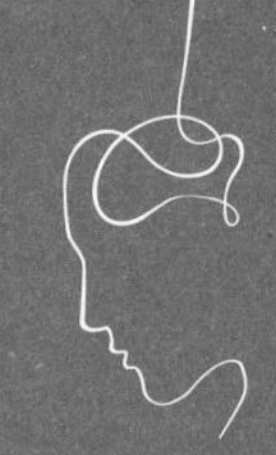

在很多同类型的体验中，总会有一些显得非常特别，它们在我们平静的生活中激起了涟漪，也给我们的情感世界创造了一个个间歇式的波峰。如果我们老到能谈论人生，那这些体验的波峰一定是自己长久的谈资。

情感是生活中的一个必要部分，它影响着你如何感知，如何行为和如何思维。个人化的反应和决策也许会通过情感的“冲动”来做出。但在多人决策的组织中，我们仍然依靠逻辑来为我们做决定，即使我们的情感告诉了我们另外的决定。在现代管理学背景下，各种商业模式、金融逻辑都由理智者统治着，根本没有情感的空间。你可能觉得你的大多数决策都是理性的，但如果没有情感，你制定决策的能力则是受损的。情感往往通过直觉的判断来帮助你对外界呈现的信息作出直接反应。例如，这个不平的、颠簸的路面需要小心驾驶；那面破败不堪的墙应该远离；这里使我紧张，而那里使我愉悦。这个与我们大脑边缘系统相关的情感，即丰富了我们对于外界做出判断的手段，也左右着我们的设计。

情绪与情感是孪生兄弟

在每天的生活中，我们接触物品、处理工作、与人交流，随着这些活动的进行，喜怒哀乐的起伏变化随时随地都会发生，人的一切活动也就无不打上情感的印迹。一件可爱的灯饰能唤起你心中的喜悦，一局游戏的战败也能令你沮丧到极点。情感像是生活的调色盘，为我们的人生涂抹上丰富多彩的色彩。傍晚你可能还心情大好，入睡时却又显得心情沮丧。情感的变化让我们措手不及又琢磨不透。古往今来，我们对情感如此着迷又如此困惑，一个古老又常新的问题摆在我们面前：何为情感？

或许你也曾读过诺曼的代表作——《情感化设计》。其实这部书的英文名字叫做“Emotional Design”，如果直译的话，应该叫做“情绪化设计”，因为“Emotion”对应的汉语翻译是“情绪”。或许你会有点困惑，Emotion 确实也有情感的意思啊！而且“情感化设计”这种说法也更符合我们大家日常的理解。其实情感和情绪在语义上非常接近，如果我们不严谨的话，俩者也经常混用。究其原因，是因为我们的汉语源远流长，在千百年的演化中，人为地将情感与情绪分开。其实它们本属同源，我们的先贤统称它们为“情”。

先贤荀子在他的《正名》中阐述：“情者，性之质也”。他认为情是人性的本质的表现。又认为“性之好、恶、喜、怒、哀、乐谓之情”。这里荀子所说的“情”就与我们当代心理学中的情绪相对应，就像生活中的情绪有喜、怒、哀、惊、恐、爱等多种形式。我们现在说“情绪”，是对一系列主观认知经验的通称，是多种感觉、思想和行为一起作用的综合性生理状态。

此外，古人还认为情是静态的性“感于物而动”的结果，唐代李翱也认为：“情者，性之动也。”(《复性书》)。朱熹也持此观点：“性之所感于物而动，则谓之情。”据《文心雕龙·新书通检》记载，“情字见于《文心雕龙》全书达 100 处以上”，王元化也曾提到：“几乎没有一篇不涉及情的概念。”可见，即使“情”在文艺创作中非常重要，但 1979 年王元化成书于《文心雕龙讲疏》时，情感和情绪仍然没有明确的划分。刘勰也认为艺术中的“情”是文艺创作中的主要因素:“情者文之经”。认为文艺创作充满着作家对事物的情感体验，是作家情感的表现。如此可见，我们的前辈们并没有将情感、情绪划分开，而是一直统称为“情”。《心理学大辞典》中同样解释道:“情指情绪、情感、情操”。

所以,在不断发展的文化进程中,“情”的用法和意义上会有些许不同。现在，一般情况下，学者们会将与生命体的需要相关的感情反应称为情绪，而把与群体社会约制相关的感情称为情感;在讨论感情反应的形式方面时会采用情绪，而在标识感情的内容时会采用情感。也就是说，情绪是一种态度体验，而情感则是一个笼统的概念，可以包括情绪、感觉和心情。

在这里，我们讨论的是感情性反映的心理学机制，重点关注它们的发生、发展的过程和规律，所以采用“情绪”的概念来进行说明。而当我们讨论群体或社会交流中人们需求欲望上的态度体验时，我会使用情感一词，以匹配我们的日常用语，方便大家理解。

情绪、情感的生理学信号

和感觉、知觉、记忆等心理过程一样，情绪和情感也属于大脑的机能。当我们的情绪发生波动时，我们的身体和行为会发生一定的变化，而这些变化与神经系统的机能紧密相关。

你手提大包小包从购物中心走出来，踏入停车场的那一刻，茫然了。自己的车究竟停在哪儿呢？此时你仿佛觉得自己的爱车已经被这个迷宫般的停车场给吞没了。你接下来开始了漫长而又毫无头绪的寻车过程，而这一过程谁又知道会是多久。当你吸了一肚子地下停车场的尾气，眼前面对的仍是车海茫茫时，你心中是不是会生出许多焦虑与惆怅？

此时的你，心率加快，瞳孔放大，血液从内脏冲向四肢，消化系统机能随之减弱，肾上腺素大量分泌，血糖浓度随之升高……这些反应都为你的寻车活动做了生理上的准备。由情绪波动连带产生的这些诸多生理反应是交感神经系统带来的神经兴奋。而这个交感神经系统是植物性神经系统（VNS）的一个部分。植物性神经系统起源于下丘脑，受大脑皮层控制，控制着我们的情绪。它包含交感神经系统和副交感神经系统，这两个系统相互对立，互相颉颃，共同控制我们的内脏器官、外部腺体以及内分泌腺的活动，从而保证整个机体的正常活动。

寻车时的焦虑联系着交感神经系统起作用，这种情绪会随着爱车的发现而缓慢终结。当你满头大汗地坐进车中，发动汽车，开启空调，情绪逐渐平复时，副交感系统就开始工作。它使你的瞳孔缩小，心率减低，内脏血管舒张，肠胃蠕动增强，括约肌弛缓，胰岛素分泌增多，血糖降低……在整个寻车过程中，交感神经系统使你的身体处于应急状态，消耗能量以使你紧密关注任务。副交感神经系统则在任务完成后使你的身体恢复到正常，以储备能量，避免不必要的消耗。

正因为交感神经系统和副交感神经系统组成的植物性神经系统与情绪的联系十分紧密，我们便可以利用生理学信号来探查情绪。我们在情绪波动的情况下会表现出许多生理反应，比如说呼吸、循环系统，骨骼、肌肉组织，内、外腺体以及代谢过程的活动，都会发生变化。而这些生理学信号就表征了情绪的发生，也为情绪的探查提供了入手的途径。就像我们有时能从别人的眼睛里“读出”情绪，尤其是在对方非常高兴或悲伤时。

情绪的表情

我们在文学作品中常常会见到反映情绪变化的肢体语言的描写。而如果想将情绪做静态的视觉化表现，最适合提取并加以利用的元素恐怕就是表情了吧。你手机里各种 IM 软件中装载的表情包，在聊天中总是能发挥抒发感情、表达自我的强大作用，比如图 10-1 中的微信表情。

图 10–1 微信中的表情包

你也会有这样的体验，当你感到愤怒时，上半身会不自主地前倾，拳头紧握，鼻孔张大，胸脯起伏幅度变大……这些表情动作就是我们在情绪状态下的外部表现。它们以有形的方式透露出真实的内在体验，就像是一种特殊的语言，表明了主体的情绪。这无形中可以辅助人们互相理解对方的情绪，促进情感交流。

其实表情包含三种类型，我们常说的面部表情只是其中之一，其他两种分别是姿态表情和声调表情。而面部表情专指眉眼、鼻颊、口唇等颜面肌肉变化所形成的表达方式。我们之所以能读懂别人的面部表情，是因为我们人类有共同的面部表情语言，比如愉快时额眉舒展、嘴角上扬；悲伤时眉头紧锁、眼睑趋合，嘴角下拉……加利福尼亚大学旧金山分校的精神病学系教授保罗·艾克曼已成功证实了查尔斯·达尔文提出的主张:“人类表达愤怒、厌恶、恐惧、惊讶、快乐和悲伤的表情是与生俱来的，是跨文化、跨领域、全球皆准的。从美国到日本，从巴西到巴布亚新几内亚，无论哪种语言与文化，这6种基本情绪引发的面部肌肉变化大致都是一样的。而且，情绪的表达是下意识的，基本上难以抑制或隐瞒。”

所以，表情是世界通用的，它可以跨文化、夸民族。当我们听不懂外语时，也可以根据对方的表情来辅助沟通。这种跨文化的共同性也能被设计师加以利用，形成许多有趣的设计作品。比如汽车的车型设计就能严重影响其销量。大灯和进气格栅构成的汽车“前脸”在车型设计中扮演着锁定情绪的作用。当下汽车前脸设计表达越来越集中于体现傲慢与蔑视，大多使用极富进攻性的表情。这种设计手法的初衷可能是为了迎合汽车广告语中的那些“奢华的、尊崇的、高端的、强大的”词汇，仿佛越高端的汽车越要对应“拒人千里之外”的设计语言。反观A级轿车，前脸的情绪表达往往非常可亲，比如奇瑞QQ车（图10-2）。

姿态表情专指除颜面以外的其他身体部位的表情动作，比如高兴时会手舞足蹈、捧腹大笑，生气时会跺脚，焦躁时会走来走去。而其中，手势是一种最重要的姿态表情，可以比较精确地补充言语内容的情绪信息。但要注意的是，与面部表情的先天性不同，手势表情是后天习得的，它会因为文化、宗教和传统习惯的影响而具有民族或团体差异性。所以理解和使用手势时要考虑环境，不同的环境对同一种手势可能会做出不同的解读。比如一只握紧的拳头，在中国的意思是加油鼓劲或者宣誓，

图10-2 “笑眯眯”的奇瑞QQ车

在英美的解读则是好运。

产品或雕塑也可以利用人的姿态表情来表达一种情绪。比如“拥抱”这个姿态就向人传达出温暖和关怀的情绪。如图 10-3 这两个拥抱在一起的调料瓶设计，就给我们的厨房添加了愉快的小情绪。看到“靳与刘设计”（Kan & Lau Design）工作室设计的这款创意凳子（图 10-4），你真的会忍不住涌出一股爱意。两个凳子紧紧地靠着，刚好与对方的一条腿交织在一起，显得如此的亲密。

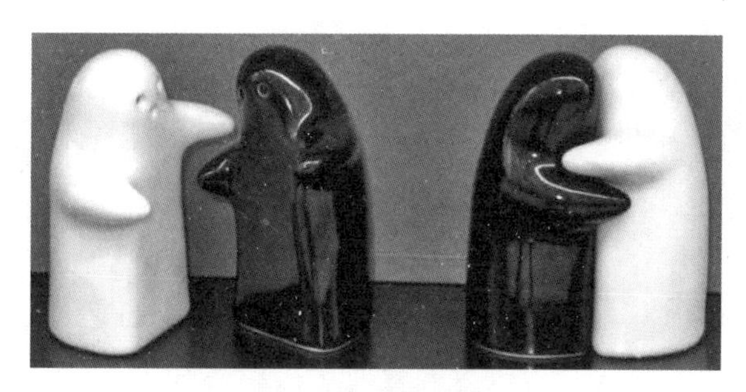

图 10–3　拥抱调料瓶

图 10–4　Intertwined 凳子，Kan&Lau Design 设计

你是否在商业场所也看到过雕塑家高孝午的作品“标准时代”（图 10-5）？作者感慨当今人类社会被高度标准化，大家每天上下班，鞠躬迎客，堆着笑脸，觉得这样很糟糕，泯灭了人类的个性。所以创作了这组作品，希望人们能够进行反思。 但讽刺的是，商家们断章取义，或是有意地利用了作品的外部含义。

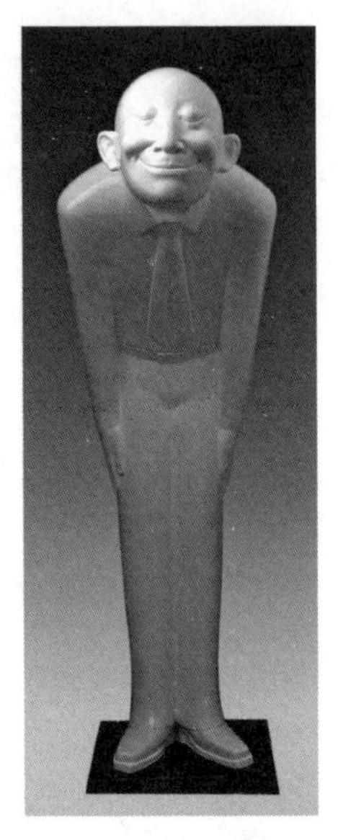

图 10–5　雕塑“标准时代 瘦男”，高孝午创作，2004 年

于是，这个做出标准迎客姿态的白领男被广泛使用，处处都立着作者本想抨击的谄媚表情。

除面部表情、姿态表情外，还有声调表情。它指的是语言的音调、节奏和速度方面的变化。比如，一个人愉快时，语速轻快，语调更高昂；而难过时，语速会变缓，语调也会更低。言语是我们交流思想的核心工具，那么辨别和理解言语中音调的高低强弱、轻重急缓也是我们在交流时可以利用的手段。

比如在一场演讲中，语速较慢的低沉声调会显得比较稳重权威，高亢快速的声调则会显得激动，而气息浮动明显的飘忽声调会透露出紧张的情绪，当然最激动人心的演讲则需要合理运用抑扬顿挫的声调来感染观众。

理论界的江湖恩仇

在心理科学探索情绪的100多年中，学界形成了众多门派。我们在多种情绪理论并存的格局下，择其要者阐述如下：

詹姆士—兰格理论

美国心理学家威廉·詹姆士（W.James）和丹麦生理学家卡尔·兰格（C.Lange）各自分别于1884年和1885年提出了观点基本相同的理论。他们认为情绪就是我们所说的对某一情境做出身体反应的方式[1]。该理论的重要功绩在于，提出了情绪与机体生理变化的直接联系，强调了外周生理活动在情绪产生中的作用。

詹姆士认为，身体变化紧随着对机动的事实知觉，而且我们对事实发生时相同变化的感受就是情绪。“合理的说法乃是：因为我们哭，所以愁；因为动手打，所以生气；因为发抖，所以怕。并不是愁了才哭；生气了才打；怕了才抖。”“情绪，只是一种身体状态的感觉，它的原因纯乎是身体的”[2]。

按照詹姆斯—兰格理论，来自肌肉或内部器官的某些类型的感觉对于完整的情绪体验是十分必要的。也就是说，任何感觉的下降都会使情绪降低。拉尔·兰格在情绪的发生上强调血液系统的作用。他以酒精和药物为例，认为酒会降低你的身体对紧张性刺激的反应，而且，当你感受到身体更平静时，你感受到的情绪就减少了。

詹姆斯—兰格理论似乎很难理解。我们常识中的观点是事件引起了我们的情绪感受，从而引发我们的行为。而此理论是事件引起了人的行为，从而产生情绪感受。詹姆斯曾使用人害怕熊的例子，来解释：你见到熊逃跑的原因不是出自熊本身，而是你对完整情境的知觉或评估（比如你见到动物园关在笼子的

[1] J.W.卡莱特等著，《情绪》，周仁来等译。北京：中国轻工业出版社，2009年。14页.

[2] 孟昭兰.情绪心理学[M].北京大学出版社，2005年，18页.

熊并不会逃跑）。当你开始试图逃跑时，你对逃跑活动的知觉是害怕。所以其实詹姆斯—兰格理论进而可以如下表述：事件——评估（认知）——行为——情绪感受。

图 10–6　棕熊

如此表述起来就好理解多了。一件事情或事物被我们注意到，信息刺激通过感觉系统传入我们的大脑从而产生对此项事件的评估，此时我们生理行为发生，而情绪的感受方面是对身体行为和生理唤起的知觉。所以你在森林里看到一头棕熊在附近游荡，你的评估是危险，当你开始试图逃跑时，你对逃跑活动的知觉是害怕。而害怕，就是我们的情绪感觉。

沙赫特—辛格理论

美国心理学家沙赫特（S.Schachter）提出了情绪受环境影响、生理唤醒和认知过程 3 种因素的影响。他同吉米·辛格提出的沙赫特—辛格理论被认为是詹姆斯—兰格理论的发展，他们也认为情绪的唤起和行为对于决定该情绪的强烈程度是非常关键的。唤起和行为能决定情绪的强度，但是它们并不能帮助我们识别情绪。比起复杂的情绪，我们的生理反应大多相似，只观察这些生理反应，不可能识别出人正感受着哪种情绪。[1] 他们认为，不同情绪之间的差异感受来自于认知评估，不在于行为和感受。比如，我们的心跳加快，体温升高，此时我们可能经历着令人愤怒的事件，也可能陷入了恐惧的泥沼。只是通过生理现象是不能识别人的情绪种类的。一种情绪和另一种情绪之间的差异在于认知评估层面，而不在感受层面。

沙赫特和辛格曾设计了一个巧妙的实验。他们给一组被试注射肾上腺素，另一组则接受安慰剂注射。在接受肾上腺素注射的组中，半数被试被告知他们由于注射而将产生的生理变化，另一半则没有被告知这些。

然后他们让一部分被试处于一种愉快的环境下，比如里面有个有趣的人，他把纸卷投进纸篓，投射纸飞机，并与被试产生互动。另一部分被试则做了一份无礼的问卷，例如：你父亲的年收入是多少？你的哪位直系亲属需要心理治疗？多少男人与你母亲有私通关系？

实验的结果表明，注射肾上腺素并得到告知的被试并没有表现出多少情绪反应。他们会觉得那人挺逗或问卷有点烦人。那些注射了肾上腺素但没有得到告知的人则产生了强烈的情绪反应。而注射安慰剂的被试表现出了同注射了肾上腺素但没有得到告知的被试相似的行为。他们在快乐条件下很快乐，愤怒条件下很愤怒。换句话说，肾上腺素注射对结果没有显著的影响。

人们有时确实会把唤起归结为情绪，正如詹姆士—兰格理论所认为的行为引起了情绪感受，除非是他们对自己的生理唤起反应有其他的解释。当人们对自己的生理反应有合理预期时，他们的情绪感受就会大大降低。对于可以验证的生理预期，用户往往得到的是一种证明性的笃定，这种笃定能强化产品服务带来的满意度。比如农夫山泉矿泉水的广告语“农夫山泉有点甜”，有点甜的这种生理预期可以通过实践行为来加以印证，一旦成立，则强化了品牌的特点从而加强美誉度。

---

[1] J.W. 卡莱特等 . 情绪 [M]. 周仁来等译 . 北京：中国轻工业出版社，2009. 17 页 .

依据沙赫特—辛格理论，用户情感上的预期会降低他们的情绪感受，服务方的宣传对用户方产生情感预期反而有事倍功半的效果。任何一句美好或高贵的宣传语都会在消费者心中留下情感预期，消费者会在后续的服务体验中来验证此预期，而结果往往是由于心理锚定甚高而产生失望感。情绪或情感的复杂性决定我们很难控制一种服务对所有消费者带来的感受。刚才我们提到，农夫山泉的“有点甜”的生理预期可以验证，但情绪感受的验证往往难以控制。惊悚的逃脱游戏，欢乐的游乐场体验，这些根据用户情感体验维度来衡量的服务，会由于前期的宣传而产生消费者的强心理预期。当消费者被这种预期吸引而花费了时间和金钱后，极好的情绪预期降低了他们情绪感受。所以，当服务体验以情绪刺激为主时，应在前期宣传中多强调服务内容的多样性和特殊性，弱化情绪、情感的唤起。

不仅用户对服务的情绪预期会降低体验感受，某些情况下，服务方对用户良好情绪的引导也会产生负面的效果。例如，UGC（User Generated Content 用户生成内容）模式的互联网社区网站，促进内容的产生与分享是它们的第一要务，网站对生成的内容的奖励机制是 UGC 的命门。有些公司想在界面上做精巧的谋划以使自己的网站内容变得很专业，来衬托用户产生内容的价值，而 UI 设计的精致性似乎又是大多数设计师所向往的。如果这些网站将自己的界面设计风格定位为精巧细腻的文艺风，他们能通过视觉设计准确将这种感觉传达给用户。用户则会自然而然被精巧细腻的风格感染，他们会感受到静谧、严谨、一丝不苟的视觉语言，一种敬畏感油然而生。最终，UGC 网站为了提高内容产生量所作的努力反而使用户觉得不敢在此地随意发言，用户的每条内容要小心翼翼地反复斟酌后才敢发送。

心生荡漾

扬（P.T.Young）认为情绪是一种神经中枢在感情上的“紊乱”反应，紊乱是情绪的关键因素。[1] 扬解释说，情绪就像是一个杯子中的半杯水被摇动了一样，由于外力的引入，情绪产生了波动，人也就被扰乱了。因此，情绪的产生其实是一种对心理平衡状态的破坏，我们愉悦的情绪和悲伤的情绪都是这样产生的。

普里布拉姆（K. Pribram）认为心理活动在神经中枢是以一种有组织的稳定性为基线的。这个稳定的基线意味着自主神经系统调节下内部过程的正常工作。如果环境信息的输入使有机体处于一种适宜的协调状态，这时有机体的内部活动状态处于稳定的基线之下。当环境信息是一些不适宜的输入时，有机体的内部活动状态立即超越基线，使有机体处于一种不协调状态，从而产生紊乱，这时就产生情绪。我们的情绪过程就是当原来进行的心理加工受到阻断时产生的替代性的心理活动，对这个阻断过程的意识觉知，就是情绪的体验。所以我们看到大多数的工业产品的情感化设计都是以一种不惯常的形态出现的。这种不惯常使我们在日常生活中培养的认知习惯受到阻碍，从而产生了情绪体验。而这种障碍的唤起属性则决定我们对设计的情绪体验种类。这就像某一天你低头走路，误入陌生地，这个地方

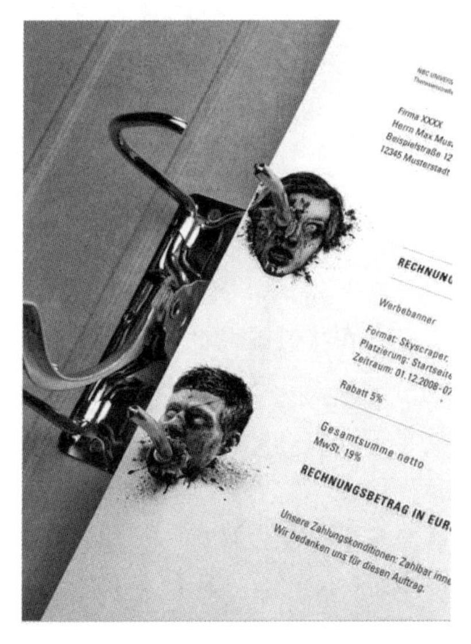

图 10-7　Street 文具，邪恶的认知阻碍唤起了负面的情绪体验

[1] 孟昭兰 . 情绪心理学 [M]. 北京大学出版社，2005. 25 页 .

究竟是桃花源地，还是邪恶鬼屋？陌生地阻碍了惯常的认知，而此地的属性则决定了你此刻的情绪体验，它或是欣喜或是惊恐。

图 10-8 Alessi 牙签桶，可爱的认知阻碍唤起了愉悦的情绪体验

情感化设计的手法之一就是通过这种“意想不到”的非惯常的设计语言，使用户在接近或使用产品时产生一种与自己的既有经验的不协调。这种催发情绪的现象在认知心理学领域也有研究和解读。认知心理学家把脑的信息加工过程和有机体的生理生化活动结合起来解释情绪。美国心理学家林赛(P.H.Lindsay)和唐纳德·诺曼（D.A.Norman）把情绪唤醒理论转化为一个工作系统，即情绪唤醒模型。他们将该模型解释为三个部分：第一个是对环境输入的知觉信息的知觉分析；第二个是对知觉分析与我们已在长期的生活经验中建立的对外部影响的内部模式进行比较和初步加工；第三个是对认知比较进行系统的加工。

这个情绪唤醒模型的核心部分是认知比较。当外部事件作用于人，对事件的知觉材料的加工引起过去经验中储存的记忆信息的再编码，这个认知过程就会产生人的预期或判断。当现实事件与预期、判断相一致，事情将平稳地进行

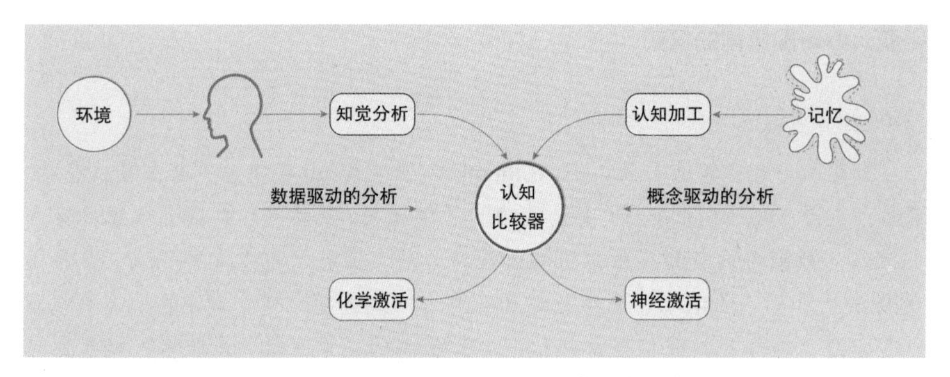

图 10-9 Lindsay & Norman 的情绪唤醒模型

而没有情绪产生；若有足够的不一致，比如出乎意料的或违背愿望的事件出现，或无力应付给人带来消极影响的事物产生时，认知比较器就会迅速发出信息，动员一系列的神经过程，释放适当的化学物质，以改变脑的神经激活状态，这时情绪就发生了。所以，人类所特有的认知过程同它所附带的庞大的生理化学机构形成一个反映活动的系统，该系统的工作就体现为情绪。

电醒人心—视觉化的权威

斯坦利·米尔格拉姆 Stanley Milgram 在 20 世纪 60 年代做了电击服从实验。实验开始于 1961 年 7 月，也就是纳粹党徒阿道夫·艾希曼被抓回耶路撒冷审判并被判处死刑后的一年。米尔格拉姆设计了这个实验，便是为了测试“艾希曼以及其他千百万名参与了犹太人大屠杀的纳粹追随者，有没有可能只是单纯服从了上级的命令呢？我们能称呼他们为大屠杀的凶手吗？”米尔格拉姆想通过试验确定人们在多大程度上听从权威人士的指挥。他那著名的电击试验表明，就算遵从权威会违背自己的良心，被试们还是会听从并执行命令。

图 10–10　斯坦利·米尔格拉姆

他的实验在当时任教的耶鲁大学进行。实验进行小组在当地报纸上刊登广告并寄出许多广告信，招募参与者前来耶鲁大学参加本次实验。实验地点选在大学的老旧校区中的一间地下室，地下室有两个以墙壁隔开的房间。广告上说明实验将进行大概一小时，报酬是 4.50 美元，4 美元是实验报酬，50 美分是车费。在当时 4 美元是一个小时工作的合理薪资，而 50 美分已经高于往返的公交车费了。参与者年龄从 20 岁至 50 岁不等，包含各种教育背景，从小学毕业至博士学位都有。

当参与者来到米尔格拉姆的实验室时，他们见到了一位严厉的试验者，威廉姆斯先生,他穿着一件灰色的实验服。威廉姆斯先生把参与者介绍给另一个人，那个人看起来也是参与者的样子，但其实是被雇来参与表演的演员。然后威廉姆斯先生宣布一位参与者将扮演老师的角色，而另一位将扮演学生。为了决定由谁来扮演哪个角色,他们都会从一个碗中抽取一张纸片。纸片事先被动了手脚，上面都写着“老师”。而后抽取纸片的演员都会假装自己抽到的是学生的角色。

“老师”和“学生”被安排在地下室隔开的两个房间，通过对讲机进行通话交流。试验者给了“老师”一张写有词组的清单，而“老师”则会要求“学生”记住这些词组。试验者指示“老师”通过对讲机阅读清单中的词组，然后再从头开始重读词组中的第一个词。“学生”需要说出该词组中对应的另一个单词。“学生”每说错一次，“老师”就要给“学生”一次电击，而且每次犯错后施加的电压都会比上次更高。在实验开始前，试验者电击了一下“老师”，让“老师”知道被电击是什么感受。

“老师”们相信“学生”每次作答错误就会遭到电击，但事实上并没有真的进行电击。在隔壁房间里，实验人员假冒的“学生”控制录音机，使其配合发电机的动作而播放预先录制的尖叫声，随着电击伏特数增高也会有更惊恐的尖叫声。当伏特数增高到一定程度后，假冒的“学生”会开始敲打墙壁，且在敲打墙壁数次后，甚至开始申诉自己患有心脏疾病。接下来当伏特数继续增高到一定程度后，“学生”将会突然停止作答，并停止尖叫和其他反应，保持沉默。

实验中，若是参与者表示想要停止实验时，实验人员会依以下顺序回复他：

“请继续。

这个实验需要你继续进行，请继续。

你继续进行是必要的。

你没有选择，你必须继续。”

如果经过四次诱导性的回复后，参与者仍然希望停止，那实验便会停止。否则，实验将继续进行，直到参与者施加的惩罚电流增高到最大的450伏特并进行三次电击后，实验才会停止。

米尔格拉姆在实验前询问过一些耶鲁的学生和心理学同行，他们都认为只有很少的人会继续实施电击。但是米尔格拉姆发现，65%的参与者，也就是40人里面有26人会继续实施电击，直到最后三次450伏特的最高电击。

几十年过去了，期间有很多心理学家质疑米尔格拉姆的实验结果，并谴责他的实验伦理问题，米尔格拉姆也因为种种压力不能在常青藤大学任教，不得不到名声不高的纽约市立大学任教。当然，也有不少人试图重复“服从实验”，其中最严谨的是在2007年，加州大学圣塔芭芭拉分校心理学家杰里·伯格（Jerry M Burger）对实验方案进行了改进，满足了对实验伦理的要求，将最高电压改为了150伏。这场实验共有79名志愿者参加，取得的结果和米尔格拉姆的实验结果是惊人的一致。也就是说，在某种程度上，人们并不喜欢去反抗“权威”，而是更愿意接受，尤其是具有权力的命令或诱导。

权威的形象

米尔格拉姆的实验震撼人心，每当想起“所以被试一次又一次，按下电击按钮”我就不禁全身发抖，脑中浮现出实验中的场景。我想如果是我的话，也一定会照做。

米尔格拉姆的实验档案要封存到2057年，实验的参与者身份在此之前都是严格保密的。但俗话说，这个世界上没有不透风的墙。曾经参与实验的一位被试宣称自己反抗了主试的指令，他在此后的越战中，也曾拒绝对越南民众开枪。心理学家劳伦·莱斯特拜访过这位“英雄”。在被采访中，他说到，你们想象不到那情境多么逼真，电击器上有个金色面板，还标示了制造商，看起来就是如假包换的科学仪器。而实验的场地布置与耶鲁大学心理学家的名头也令他深信不疑。当被问到他为何能反抗命令，他沉默良久，说:“我怕我的心脏受不了。”[1]

这位“英雄”深信实验的权威性，他也曾极力质疑对被试的伤害，但最终仅仅是担心自己太紧张而引起心脏病不得以停止实验。他甚至实验后找到米尔格拉姆本人理论，但在米尔格拉姆的说服下，他又答应不泄露实验的真实目的而为他保密。真是一个矛盾体啊。

在“英雄”的表述中，我注意到了他对实验情境的表述，“耶鲁大学”，“金属面板”，“科学仪器”，或许正是这些权威化的包装使得被试们一次又一次按下了那本不愿按下的按钮。权威化的象征似乎就是权威本身，它们能左右我们的意志。而此时，我又有深深的忧虑，因为在霍夫斯泰德的文化差异理论下，中国人的权力距离指数甚高。权力距离是用来表示人们对组织中权力分配不平等情况的接受程度，权力距离有大小之分，它的大小可以用指数PDI（power distance index）来表示。在霍夫斯泰德的研究中，参加米尔格拉姆实验被试所属

[1] 劳伦 斯莱特 . 20世纪最伟大的心理学实验 [M]. 北京：中国人民大学出版社，43页 .

的美国人PDI只有40，而我们中国，PDI是80分。

我们权力距离的维度说明人们对不平等现象通常的反应是漠然对待或加以忍受。很难想象米尔格拉姆的实验选取中国被试时，结果会是多么惊人。那在耶鲁名头下身着白大褂的主试，命令你按下刻有铭牌的科学仪器时，你又如何拒绝呢？所有权威化的包装，造就了我们心目中的权威本身，这些符号对我们的认知有着极大的影响。

中国人的权力维度很高，其他如我们的文化还有马来西亚、菲律宾，巴拿马。在权力距离指数高的文化中，代表权力的符号似乎就象征着权威与信服。想想你收到的大学录取通知书：印有大学校门的纸质版装订，黑纸白字言之凿凿的内容加大学盖章。这些都是权威的符号，给我们信服的理由。而当你申请美国的研究生院，他们发来的通知书不过是一封email中的文档。没有雄伟的建筑，更没有有关部门的盖章。你是否也狐疑过这封通知书的权威性呢？

上级下达的红头文件，领导人头像，部门盖章，权威认证标识……这些对于我们来说都是权威、权力的象征，都是信用的保障。如果你的设计想向受众传达一种信服感，你就应该毫不犹豫的利用这些符号。如图10-11所示的欧德堡牛奶包装，一款为德国原厂包装，一款为国内的改良包装。我们注意看一下，原包装正面的Made in Germany和3.5% fat在国内版包装上改为中文，并且呈现方式被设计成了印章的形态。其实从内容上来说，这两个元素并没有权威部门认证或审批的意思，但由于国内消费者对权威和权力的好感，故而商家投其所好，将形式表现成了印章的形式，以增强商品的说服力。

图10-11 欧德堡牛奶包装，左为中国版包装，右为德国原包装

杂货店选择—行为与情感的互动

我去餐厅用餐时曾好奇地观察过服务员拿放水杯的姿势和流程。我注意到桌子上的水杯都是口朝下摆放的，当服务员拿起杯子倒水时，他们的动作并不是随便的。他们会先翻转手腕，拇指朝下拾起杯子，再将杯子翻转过来，以自然的手势握杯倒水，最后安全放在桌子上。

想想看，你也注意到了，不是吗？服务员抓取杯子的方式并不取决于杯子的形状，而是取决于他们最后想怎么用杯子。对同样形状的物体，我们抓取的方式也许会截然不同。比如你拿起灯泡和网球的方式是不同的；如果要用瓶子做不同的事情，我们抓取瓶子的方式也会不同。

此外，我们抓取物体的方式也会影响我们对于抓取对象的喜爱程度。西恩·贝洛克（Sian Beilock）做过一个实验，她要求大学生志愿者坐在一个小桌子旁，并在桌子上放了两种不同的厨房用品，一个木质搅拌勺和一把橡胶抹刀。实验的任务是拾起他们更喜欢的用具。试验者会特别注意摆放物体的方式，有时把两个物品的手柄放在离志愿者很近的地方，这样他们就可以很轻松地拿起。有时会将手柄部分放在志愿者对面，使搅拌或涂抹的部分面向志愿者，这样志愿者就需要凑上去用不舒服的扭曲姿势才能拿起物品的手柄。

试验者发现，志愿者们更喜欢用手柄拿起物品，就好像他们要使用这些物品一样。更有趣的是，人们更倾向于容易抓取的物品，也就是那些手柄朝向他们的物品。也就是说，我们会自然而然地想到抓取物品的方式，也就是我们与物品的交互方式，交互的难易程度会影响我们对物品的喜好程度。如果某件物品更容易操作，那么我们就会更喜欢它。

当然，这还说明商品的放置和包装的微妙差别会对人们的购买欲望产生很大的影响。我们很多人都知道，商品在商场里的摆放方式和位置，会对人的购买决策造成惊人的影响。但是很少有人注意该如何改善我们和商品交互的流畅程度，比如携带物品的难易程度。有些公司，就改善了他们旗下商品包装的抓取方式，见图 10-12。比如可口可乐的包装瓶，现在不仅便于握取，还富有商品辨识度。现在我们能看到，很多洗衣液包装上都有一个可以拎取的把手，部分奶制品包装上也有类似的握取把手。农夫山泉的婴儿矿泉水包装，就考虑了爸爸和妈妈抓取水瓶的不同人机尺度。瓶子被设计成特定形状，方便不同尺度的手去抓取它。

图 10–12　可口可乐等饮料包装，洗衣液包装，酸奶包装，农夫山泉婴儿矿泉水包装

手臂弯曲引起的快乐

走过超市中林林总总的商品，你随手抓取，扔进购物篮。等一下，这些东西不在我的计划清单里啊！

很多时候，我们的一个动作就会影响我们的心境。甚至我们在超市中所使用的购物篮种类都会影响我们的购买习惯。走进卖场时，是挎购物篮还是推辆购物车，这不经意的小事其实连接着一个心理秘密。我们弯曲手臂并把手臂移向自己是一个想获得某件东西的常规动作。比如我们吃饭时向嘴里递送食物，接过某人传递的物品，将恋人拥入怀中……这些都是手臂弯曲与心理满足的关联场景。当你手臂弯曲时，你就更有可能满足自己的迫切需求，屈从于自己的欲望。手臂弯曲并贴近自己的动作会向你的大脑发送微妙的信号：过来吧过来吧，我要得到它。而手臂向外伸展，五指张开的动作则会给自己发送相反的信号："我拒绝！"

当你处于一个手臂弯曲并贴近自己的心境时，你倾向于简单的满足，多是对眼前情况思考，而不是长远考虑。这种心境会影响你的很多行为，就比如上文中的购物行为。在荷兰心理学家的一项研究中，研究者检验了使用购物篮的顾客是否比推购物车的顾客更容易购买非健康产品（比如油炸和膨化食品）。他们在大超市跟踪顾客，并记录下顾客在商场里购买的东西，以及他们用的是篮子还是车子的情况。

研究者发现，拿购物篮的人与推购物车的人相比，在卖场花费的时间和金钱更少，相应购买的物品也是更少的。但是，只有5%推购物车的顾客购买了非健康食品，而40%拿购物篮的顾客购买了非健康食品。回顾我们的购物生活，会发现，确实推购物车的时候买的东西更多。因为我们有多购买物品的预期，所以才选择推购物车的，篮子显然装不下那么多的货物。而消费者拿购物篮后会弯曲手臂，这种动作似乎会把他们吸引到提供即时愉悦感的非健康食品上。

有人会质疑这个购物试验，因为我们进入超市的购买目的是各不相同的。

为了让试验结果更有说服力，研究者进行了第二个更加严谨的试验。他们邀请志愿者在一家研究者自己创建的超市中买东西。志愿者会收到一个购物清单，里面列举了12种他们需要购买的商品，比如肉、蔬菜和零食等等。研究者要求志愿者在这次试验中每类商品只能购买一件，并随机分配购物车和购物篮给志愿者。在这次的研究中，他们再一次发现拿篮子的人更容易选择非健康的产品。比如，拿篮子的人在选择零食时会挑选巧克力，而不会选择苹果和橙子。在拿篮子的情况下，选择非健康产品的概率是健康产品的三倍。这种简单的手臂弯曲动作，建构了我们当时的心境，使我们沉浸在即时愉悦品的满足中，从而影响了我们的购物结果。

其实我第一次看到这个试验结果时，也感到有些诧异。我并不是质疑结果的正确性，而是在想，为什么我不记得我有将购物篮挎在臂弯呢？我们国内超市的购物篮通常都很大，以至于我每次拎起它时，就只能一直保持“拎”的状态了，而且其他顾客也是如此。看来，对国内卖场商来说，让顾客大量购买商品的利润回报比诱导顾客购买即时愉悦商品的利润回报更高。

不过弯曲手臂这个产生即时愉悦感的行为，确实可以推而广之。拉开门，这个同样引起手臂弯曲的动作情景，可以使我们进入一种“简单满足”的心理状态。将它应用在商店的门上就是一个不错的唤起设计。拉开商店门相比推开商店门，可能更容易引导人们购买即时满足的非健康品。甜品店、冰淇淋店和酒类专卖店的老板可要记住这一点了。

第十一章　移情，建立情感的纽带

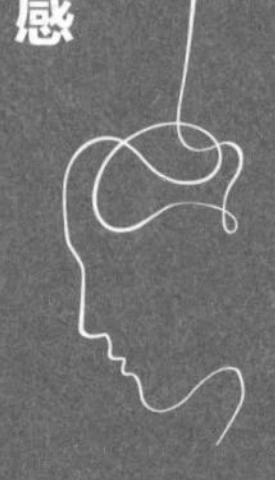

面对人类复杂多变的情绪感受，想要抓住它的一丝一毫都会用尽力气，但设计师们又偏偏是要履行此项责任的人。我们怀揣着有限的心理学知识，妄求借此能左右用户对人造物的看法，不仅是能为其创造出具有流畅使用体验的产品，更要让他们的心灵在此过程中得到震撼。这如何实现？显然是一个待解决的难题。

人类在学习的过程中大多是通过模仿，我们学习父母拿筷子吃饭，学习师长用画笔创作，学习师傅用锤子敲打出精美器具。我们一遍遍地重复着别人的行为，以求将其变为自己的技能。那我们能不能也试着重复下用户的思维过程，来让我们更好地体验他们的感受？答案是肯定的，这就是“移情”。

移情，这个最早出现于心理学领域的精神分析学说，起初只是精神分析的一个用语。后来，设计师们将移情创造性地应用到自己的领域，形成了体验用户感受和构建其情绪情感的有力手段。这时，移情是指设计师在对设计物进行判断和谋划之前，将自己处在用户的位置，考虑用户的心理反应，理解其态度和情感的能力。

在精神心理治疗过程中，移情是指患者把对生活中某个跟自己有着特殊情感联系的重要人物的特殊情感、态度转移到了心理咨询师身上。当发生移情时，患者会把治疗师当成某种情绪体验的替代对象。会把自己以前的情感反应转移到治疗师身上，把他作为过去情感对象的替代，对治疗师抱有超出治疗关系的幻想和情感。这种移情有直接和间接两种形式，直接形式是患者直截了当地向治疗师表达自己的体验：“今天下午我们的聊天令我非常难忘，你使我想起了我的爸爸，仿佛他就在面前。”间接形式则是患者间接地表达自己的感受：“我觉得与你谈话真好，我感到很轻松，这种感觉让我沉浸。”

移情自提出以来一直是美学、哲学、心理学、社会学、教育学等各个学科密切关注的重要话题。第一次提出“移情”概念并对其进行严密心理学论证的是罗伯特·费舍尔（Robert Vischer）。他将Ein和fühlung这两个词根组合，指的是“把感情渗进里面去”的意思。而英语中的“empathy[1]”（移情）一词则出现较晚，

[1] “Empathy”可译作“移情”，又译作“通情”、“共情”、“共感”、“同感”、“同理心”、“神入”、“感情移入”等，这里仍采用习惯译法译作“移情”，但它弗洛伊德精神分析中的“移情”（transference）是有区别的，“transference”是指在分析治疗过程中，来访者将其以往对别人的情感关系，以扭曲现实的形式转移到分析师的身上。

它是在20世纪初期由美国实证心理学领域从德语“Einfühlung”转译到英语中来的。

德国心理学家、美学家立普斯（Theodor Lipps）是移情说理论的系统化者和最杰出代表。他对移情说作了较充分的发展，把这一理论应用到审美鉴赏和艺术创造的每一个领域中去，并且将其作为审美活动的根本要素，在此基础上建立起了较完整的美学体系。推广到设计界，移情通常还被翻译成“同理心”，也就是认识主体对自我以外的人或事物的同感和通感。设计师们用这种方法来体验用户心境，以便更好地服务用户。

关于移情的研究方式，最常见的有两种：一是考察移情的认知成分，二是考察移情的情感成分，分别称为认知移情和情感移情。大约从20世纪30年代开始，在心理学领域，移情的认知成分日益受到关注。米德（George Herbert Mead）把移情看作是个体通过把自身置于他人情境而承担不同角色的能力。移情能力是理解别人如何评判世界的方法。生活在社会化程度较高的社会里，必须具备从他人的行为预测其进一步的反应以及用预测的反应来修正自己行为的能力。因此，儿童的角色承担能力是社会和道德发展的关键[1]。

著名心理学家皮亚杰提出了儿童认识发展过程中的“去中心化的能力”理论。他认为，在儿童发展的早期，儿童不能区别自己的观点和别人的观点，不能区别自己的活动和对象的变化，把周围一切都看作与他自己有关、是他的一部分。移情的去中心化的能力则能帮助儿童放弃自我中心的观点，逐步走向社会化。这种人的心理发展现象可以通过一个名为“莎莉—安妮测试”（Sally — Anne Test）来清楚证明。下面我们来聊聊这个测试过程。

在测试刚开始时，实验人员会向一个三岁的孩子讲述莎莉和安妮两名女孩的故事。实验人员会给被测试的孩子看一个视频，视频内容如图所示。在故事中，莎莉旁边有一个篮子，而安妮旁边有一个木盒子。莎莉有一个玩具，她在离开之前把玩具放进篮子里并盖住。莎莉离开后，安妮走向了莎莉的篮子，拿

[1] Mark H.Davis, Empathy：A Social Psychological Approach[M]. Westview Press, 1996.

出了玩具，然后把玩具放到了盒子里。莎莉回来后，实验员会问被测试的孩子：“莎莉会去哪里找玩具？”正确答案是莎莉会在自己的篮子中找玩具，因为她并不知道篮子里的玩具被拿走了。大多数正常发育的孩子都能在大约 4 岁的时候通过莎莉–安妮测试。而在此之前，他们分不清自己和他人，可能无法区分自己所知道的和别人所知道的。孩子知道玩具现在在安妮的盒子中，就会认为莎莉也应该知道。这些都是发育过程中的正常环节。

图 11–1　Sally–Anne Test

斯托特兰德（Ezra Stotland）把移情定义为“观察者察觉到他人正在或将要体验某种情感的一种情感反应”。这样就把情感性移情和与准确性相关的认知过程区别开来，尽管他认为这二者之间可能会相互关联，但他关注的主要是情绪反应。情感性移情是指关注他人的一种情感状态。当看到他人遭遇不幸时为他感到悲哀，当看到他人喜悦时为他人高兴，但只是同喜同悲，并没有任何意图去帮助他人。尤其是对远方的人或虚构人物，虽然在他们遭遇不幸时也为他们感到悲哀，但不会做任何事情来阻止不幸的发生或减轻他们的痛苦。因此，情感性移情是对他人情绪状态或情绪条件的认同性反应，其核心是与他人情绪相一致的情绪状态。

移情差异

移情作为一种替代性的情绪反应能力，既能分享他人情感，对他人的处境感同身受，又能客观理解、分析他人的情感，而且这种能力是每个人都具备的。这对使用移情或同理心来研究用户的设计师们来说是个好消息，但是具体到现实生活中，个体的移情倾向却大不相同。

在一个特定的情境下，个人的移情过程与结果表现出的心理倾向可能有很大的差异。这种移情的个体差异大体可以归因于遗传倾向和环境影响等因素。我们的人格气质受基因影响的观点已在学界得到广泛认可，移情作为一种人格特征，也会受到基因因素的影响。不少心理学家针对移情与基因的关系问题进行了大量的实证研究，尤其是喜欢选取同卵双胞胎和异卵双胞胎作为对比。很多心理学家分别以不同的方式选取不同年龄段的双胞胎作被试，对移情相关的因素进行了基因因素的考察。结果表明，同卵双胞胎和异卵双胞胎在情感性移情尤其是移情关注方面存在显著差异[1]。

基因因素是先天性的，但移情作为一种社会化情感，受外在环境的影响更加明显。其中，家庭是儿童社会化的第一场所，而父母对子女来说是人生中遇到的第一任老师，第一任老师对孩子的影响是至关重要的。他们的性格特征、为人处事的方式、教育子女的方法、亲子关系的状况、家庭经济情况等多种因素都可能对孩子的成长过程中的移情的发展水平形成重要影响。

除了家庭因素之外，性别和文化因素也是引发移情个体差异的因素之一。艾森伯格通过实证研究发现，女孩在移情与亲社会行为方面明显优于男孩。另外，社会文化差异也会对儿童移情的发展及移情的类型产生影响。例如，东方儿童可能会比西方儿童体现出较多的对个人忧伤悲伤的移情关注。

---

[1] Mark H. Davis. Empathy：A Social Psychological Approach[M]. Westview Press, 1996, p.46-64.

移情的发生机制

心理学领域中的移情分为认知移情和情感移情，分别侧重于移情的认知成分和情感成分。霍夫曼是从第二种角度来考察移情的。他把移情看作是一种复杂的社会现象，根据潜藏在观察者感受和当事人感受的关系背后的过程来界定移情："移情反应的关键要求是心理过程的参与使一个人所产生的感受与另一个人的情境更加一致，而不是与他自己的情境更加一致。"

霍夫曼以一种道德困境为研究背景，考察旁观者看到处于移情忧伤中的人会不会提供帮助。在这种道德困境中霍夫曼关注的焦点是移情忧伤，因为移情忧伤被证明与人们的亲社会行为呈正相关关系，作为一种亲社会的动机，移情忧伤在助人行为之后会减弱。在道德困境中，当人们目睹有人处于痛苦、危险或任何其他形式的忧伤之中时，作为朴实自然的旁观者，可能会被触发，从而引起亲社会行为动机，为别人提供帮助。

我们在日常生活中还有一种类似移情现象的心理活动，那就是情绪感染。为了更好地理解移情，我们在这里将情绪感染作为对比说明。情绪感染是人们通过捕捉他人的情绪来感知周边人情感变化的交互过程。虽然心理学界对情绪感染的界定尚有分歧，但是霍夫曼对情绪感染的广义理解基本上得到了认可：情绪感染也是一种情绪体验，该体验是被他人激发，并最终使接受者的情绪与最初的激发者趋于一致。情绪感染的实例在生活中比比皆是，比如我们看到朋友大笑时自己也会露出笑容，看到别人痛苦自己也会难受，婴幼儿之间也会发生哭泣感染。情绪感染多是看到别人快乐或痛苦时自己也感到快乐和痛苦，在整个过程中，观察者与被观察者的实际情感是平行的。

尽管情绪感染与移情在情绪的外在表现方面非常相似，但二者仍然是不同的：情绪感染是被动的，而移情则是一种主动的情感沉浸。情绪感染仅仅是情绪上的共享，并没有认知方面的参与，也就是说，情绪感染仅仅是在情感上的体验分享，并没有去理解这种情感产生的基础，而移情包含认知和情感两部分。

二者导致的结果也是不同的，Stiff 等人研究发现：情绪感染并不会导致帮助别人的行为，它可能会使得观察者释放出自己的挫折感而不是引发助人行为，而移情则被证明是亲社会行为的重要动机源。

唤醒移情

霍夫曼提出了五种唤醒移情的方法，它们分别是模拟状态、经典条件反射、直接联想、间接联想和角色承担[1]。霍夫曼强调模拟状态、经典条件反射和直接联想在移情发展早期具有重要的作用，是移情唤醒中比较原始的方式。而且，这三种唤醒方式都是自动的、不自主的。随着儿童的成长，间接联想与角色承担在移情的发展中变得至关重要。

模拟状态因为更像是一种本能的解释，所以曾受到一些哲学家的批评，心理学家也长期忽视了这个问题。近年来，这个问题又引起了心理学家的重视。而事实上，霍夫曼所说的模拟状态在斯密的《道德情操论》中就出现了，斯密在分析同情产生的根源时就写道："当我们看到棍子对着另一个人的腿或胳膊打下去时，我们会本能地缩回自己的腿或胳膊。当真的打在上面时，我们会感到某种疼痛，甚至还会像被打的那个人那样受伤。当一群人紧盯一个舞蹈者在松弛的绳索上的表演时，随着舞蹈者扭动、歪曲和平衡身体，他们也会不自觉地这样做，因为他们感到，如果自己处在他的处境肯定也会做出这样的动作。[2]"

立普斯则对移情的模仿说做了细致的分析。立普斯把移情分为两个步骤：首先观察者会自动地模仿，并且他的面部表情、声音和姿势会发生相应的变化，从而引起肌肉组织的变化。这是"客观的模拟状态"。之后，这些肌肉组织的变化引起了传入反馈，这种反馈在观察者身上产生与受害者情感相匹配的感受，这就是移情。霍夫曼将这里的第二个步骤称为"反馈"，整个过程就是模拟状态。现在已经有证据表明人类的某些情绪和面部表情之间确实存在着普遍的联系。这些研究对支持立普斯的模仿说是非常有利的，因为它意味着模仿可能是一个

---

[1] 马丁 . L. 霍夫曼 . 移情与道德发展一关爱和公正的内涵 [M]. 杨韶刚，万明译 . 哈尔滨：黑龙江人民出版社，2003.

[2] 亚当 • 斯密 . 道德情操论 [M]. 吕宏波，杨江涛译 . 北京：九州出版社，2007. 7 页 .

有牢固联系的、以神经学为基础的移情唤醒机制。

经典条件反射是婴幼儿时期出现的一种移情唤醒机制。婴幼儿看到别人处在忧伤中，并且自己也曾有过独立的忧伤体验，这时他就能把移情的忧伤体验作为一种条件反射并且掌握它。经典条件反射过程中，一个人的实际忧伤与其他人忧伤的表情线索是相匹配的。这种关系在母婴之间是非常常见的。如果婴儿被紧张而焦虑的母亲抱着，通过与母亲身体的接触，婴儿会感觉到母亲的紧张而产生痛苦。此后，母亲痛苦的表情或声音都能成为引起婴儿移情的条件性刺激。这种条件反射也适用于积极的情感。当母亲面带微笑高兴地抱着婴儿，婴儿的感觉也会很好，而且这种感受与母亲的微笑会联系起来。之后，母亲的微笑就可以作为一种条件性刺激单独发挥作用，使婴儿感觉很好。

条件反射与模拟状态不同的是，它不需要移情者与被移情者达到情感匹配的结果，它只是对被移情者所处情境的一种反应，但它也是一种重要的移情唤醒机制。

直接联想是指观察者看到别人正在经历一种情绪体验时，自己在别人的情感外在表现如表情、声音、姿势以及其他情境线索的影响下可能会联想或回忆起以前经历过的类似情境，从而产生与受害者情境相适应的感受。这种唤醒方式并不需要达到情感匹配，只需要自身有过这种痛苦的经验。这种以情境的直接联想引发移情的方式，比前两种方式更普遍，而且也不受年龄限制，儿童或者成人都可能经常发生这种现象。

间接联想和角色承担都是以语言和认知发展为核心的移情唤醒机制，要比前三种更高级。间接联想主要是通过语言作为媒介来实现的。受害者的移情忧伤状态不仅可以通过痛苦的表情和姿态传达给观察者从而诱发移情，而且也能通过信件或照片等间接信息传递给观察者，诱发移情。受害者的移情忧伤状态通过语言来交流，来自受害者的言语信息必须在语义上得到加工和编码，才能成为当事人的感受和观察者体验之间的媒介。当观察者对受害者的信息进行编码，并把它和自己的体验联系起来时，就会通过直接联想或模拟状态对这些想象做出移情反应。

霍夫曼经过研究认为还存在另一种形式——角色承担，即以上两种形式的结合。观察者在两种形式之间来回转换,或者把它们体验为合作发生的平行过程。这种结合可能是最强有力的，因为它既关注到自我又关注到他人，把两者的优势都结合起来了。完全成熟的角色承担可以这样定义:“想象一个人处在他人的位置，并且把由此导致的移情情感和一个人对他人的个人信息以及一个人关于处在他人情境中人们会怎样感受的一般知识整合起来。两个方面都可以进行：以他人为焦点的角色承担服务于以自我为焦点的角色承担，或者以自我为焦点的角色承担服务于以他人为焦点的角色承担”。

角色承担要求更高的认知能力。在角色承担的过程，观察者似乎充当了对方的角色，在认知上需要进行重新调整或转化，因而相对于其他几种移情唤醒的方式来看，受意识的控制和调节更多，这也表明角色承担要比其他几种移情唤醒的方式更为高级。

设计中的角色承担

角色承担理论是美国社会学家米德（Mead George Herbert）在20世纪20年代首先提出的。角色承担理论在社会学领域和道德教育领域都产生了广泛的影响，我们将其借用来帮助我们更好地在移情设计中理解用户。

角色承担可以促进和加强设计师与用户之间的理解和沟通。角色承担的方式都是互相的、双向的，而不是单一的向度。经验表明：人不经过对他人角色的体验，不经过对他人角色的承担，就不能理解他人的思想感情和他人观察问题的角度。如何促进设计师与用户之间的互相理解，协调他们之间的交互，这同样是我们面对的任务。

设计实践中的移情运用，多是通过角色承担的方式发生的。在此之前，设计师需要对目标用户有系统的认识和研究。在用户定性研究时，设计师采用观察法，用自己的感官和辅助工具去直接观察被研究对象，从而获得资料（Sayer，1992年）。而在具体过程中，观察法的实施人往往是作为"局内人"来看一个现象，也就是说，要观察到用户的日常生活点滴，这些日常生活可能会显示他们的内心态度。通过观察法、访谈法和人种志调查后，就可以建立人物角色模型。

人物角色（persona）源于戏剧中的角色描写（Character Description）。人物角色现在对于圈里人来说应该是并不陌生了。它起源于戏剧，并应用于商业营销中，商科中所说的用户档案（User Profiles）就是人物角色法的一种。用户档案可以帮助商科人员绘出潜在顾客的模样，想象顾客对产品与服务的需求和欲望。用户体验界的大咖艾伦·库伯（Alan Cooper）在1983年首次使用人物角色研发了微软的Visual Basic程序系统。他发现产品设计中用户的同理心非常重要，就开始着手做人物角色与产品之间的交互对话。

人物角色是具有需求、动机、欲望等真人一般的虚拟人物。人物角色法让设计师进入使用者的心理状态，站在使用者的立场构想产品。对于正确建立人物角色的方法，笔者比较推崇尼尔森的十步法（图11-2）。下面是这十步的具体介绍：

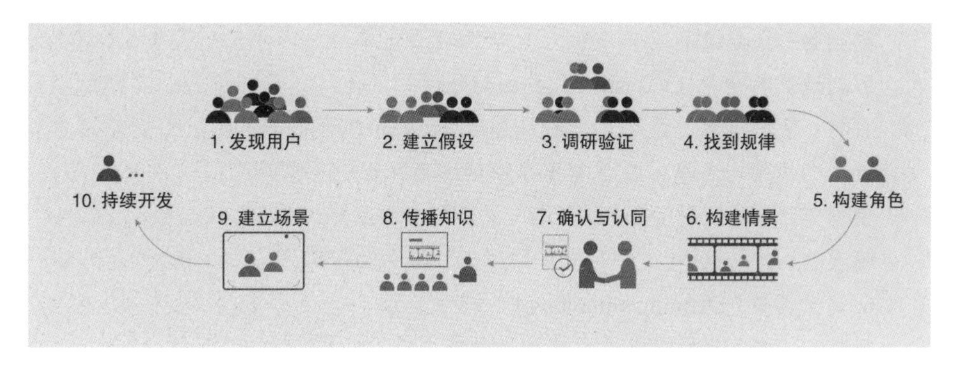

图 11-2 尼尔森 persona 的十步建立法

1. 发现用户（Finding the users）

目标：谁是用户？有多少？他们对品牌和系统做了什么？

使用方法：数据资料分析。

输入物：报告。

2. 建立假设（Building a hypothesis）

目标：用户之间有什么样的差异？

使用方法：查看一些材料，标记用户人群。

输出物：大致描绘出目标人群。

3. 调研（ Verifications）

目标：关于人物角色调研（喜欢 / 不喜欢，内在需求，价值）；关于场景的调研（工作地环境、工作条件）；关于剧情的调研（工作策略和目标、信息策略和目标）。

使用方法：数据资料收集。

输出物：报告。

4. 发现共同模式（ Finding patterns）

目标：是否抓住重要的标签？是否有更多的用户群？是否同等重要？

使用方法：分门别类。

输出物：分类描述。

5. 构造虚构角色（Constructing personas）

目标：基本信息（姓名、性别、照片）；心理（外向、内向）；背景（职业）；对待技术的情绪与态度，其他需要了解的方面；个人特质等。

使用方法：分门别类。

输出物：类别描述。

6. 定义场景（Defining situations）

目标：这种角色的需求适应哪种场景？

使用方法：寻找适合的场景。

输出物：需求和场景的分类。

7. 复核与买进（可忽略）（Validation and buy-in）

目标：你是否知道有人喜欢？

使用方法：了解目标用户群的人进行阅读和评论人物角色。

8. 知识的散布（可忽略）（ Dissemination of knowledge）

目标：我们如何与企业内部同事共享人物角色？

使用方法：促进会议、邮件、活动。

9. 创建剧情（Creating scenarios）

目标：在设定的场景中，既定的目标下，当角色使用品牌技术的时候会发生什么？

使用方法：叙述式剧情，使用角色描述和场景形成剧情。

输出物：剧情、用户案例、需求规格说明。

10. 持续的发展（On-going development）

目标：是否有新的信息改变角色？

使用方法：可用性测试，新的数据。

输出物：一个人负责完善、调整每个人物角色标签。

通过角色的建立，设计师可以更好地理解用户，从而也能使自己在角色承担中更加入戏，角色承担也有利于移情设计的展开。移情发生的机制虽然不同，但产生的移情情感通常是相同的。这五种移情唤醒的方式可以单个独立起作用，也可以两个或多个同时起作用。模拟状态、经典条件反射和直接联想虽然是较原始的移情唤醒方式，但如果三者一起发挥作用，就可以提供一种强有力的联合方式。间接联想和角色承担属于比较高级的移情唤醒方式，需要较高的认知能力。通过这两种移情唤醒方式，可以对不在现场的其他人产生移情，这就解决了对远方的人或陌生人进行移情的基础问题。通过这两种高级形式的移情唤醒方式，设计师就能通过同理心也就是移情，去理解用户、分析用户。

设计中的移情方法

Merlijn Kouprie 提出了一种将移情应用于设计实践中的框架，他将移情设计方法过程概括成“设计师走进用户世界、游走于用户世界最后带着对用户的理解从用户世界中抽离的过程”。[1] 我们对这句话的理解可以分解为三个步骤。移情设计过程首先从设计师对用户行为和心理的发掘开始。设计师要先通过用户研究充分挖掘用户知识，并带着这些知识走进用户的使用情境，理解他们的内心需求，在此过程中，设计师要具有产生探索用户体验的意愿。接着，走进用户的世界中，进入用户的参照系，扩展用户知识，并试图沉浸于其中。然后，设计师通过回忆自己的记忆与体验与用户产生联系，并与用户的情感和认知产生共鸣，最后设计师从用户的世界中撤离，回到设计师的角色上，带着对用户的理解产生新的洞察，来完成自己的设计任务。

在这个框架中，Merlijn Kouprie 明确了移情主体和对象的角色，即设计师与用户，但在具体操作时难免还是有些笼统。国内的研究者董玉妹把移情在设计研究中的过程总结为五步法，解释为“渐入、沉浸、共鸣、沟通和撤离”[2]。如图 11-3，首先在渐入阶段，设计师或者用户研究人员开始进入用户的自然使用情境，获得感知和探索用户情景和体验的意愿。在沉浸阶段，设计师将自己沉浸于用户的世界，获得更多用户的知识。此时设计师被影响用户体验的诸多因素打动，他需要保持开放的心态，沉浸于其中而不作评价。在共鸣阶段，设计师回想自己与用户情景中类似的记忆和经历，努力与用户建立心理情感上的联系，理解用户的感受和特定体验对于用户的意义。沉浸与共鸣两个阶段是交叉进行的，两者相辅相成。此后，设计师达到较高的移情水平，此时设计师需要与用户进

---

[1] Kouprie M, Visser FS. A framework for empathy in design: stepping into and out of the user's life[J]. Journal of Engineering Design. 2009，20（5）: 437-448.

[2] 董玉妹 . 面向产品服务系统的移情设计研究 [D]. 江南大学硕士学位论文 . 2014 年 6 月 .

行必要的沟通，判断自己获得的感受和理解是否偏离了事实，并从用户的反馈中修正错误并获得更进一步的认识。在第五个阶段，设计师从用户情境中撤离，以重新回到自己的角色，并迅速利用自身的专业素养来解决用户问题。

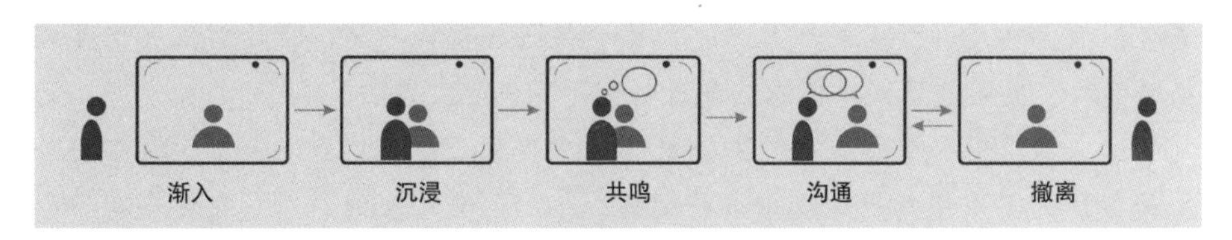

图 11-3 移情设计五步法

在移情设计的过程中，设计师通过前期对用户的研究，充分了解用户，而后使自己沉浸于用户的真实情境。从用户的角度去体察世界和发现问题，并使之内化为对用户需求的深刻洞察，最后将移情数据转化为用户模型的一部分，在后续的产品研发中加以应用。在这个框架中，移情的过程不是线性发展的，在沉浸、沟通、共鸣阶段可以做循环反复，目的是保证设计师的移情程度加深，使用户经验得以迁移到设计师身上。

实践出真知

通过移情设计，设计师不仅可以对作品的使用者——用户进行设身处地地思考，而且在作品产生的过程中，他们会像福尔摩斯一样，自己尝试去扮演整个“案件”的实施者，以使作品真正贴合环境和文化。

这在建筑设计大师贝聿铭的设计作品中得到了很多体现。位于卡塔尔多哈市的伊斯兰艺术博物馆是其中很特别的一个。因其蕴含的伊斯兰文化具有特殊性，既非东方也非西方，而是位于东西方之间。而贝聿铭先生在开始设计之前，对伊斯兰几乎是一无所知。但是在这件作品产生的过程中，我们能看到他关于移情的应用。

图 11–4　伊斯兰艺术博物馆，贝聿铭，卡塔尔多哈，2008 年建

贝聿铭先生曾在采访中这样描述道：“沙漠起源对伊斯兰建筑的影响十分深远。很多精美的伊斯兰建筑，堪称建筑艺术的典范。巧妙地运用各种几何图形

元素，创造出相当有趣的多面体建筑形式。这样的建筑美得纯粹。当阳光照射到建筑时，这些几何图形散发出神奇的魔力。我希望这栋建筑，就像一幅简洁的油画，而且这栋建筑一定要展现出伊斯兰建筑的精髓，那就是阳光下的光影图形组合。所以这个设计中我选择用水来体现沙漠的感觉。伊斯兰建筑的精髓，在我的设计中被保留下来。”

我们可以看到，贝聿铭先生俨然已经理解到了伊斯兰建筑的精髓，那么他是如何从一无所知到把握到伊斯兰建筑精髓的呢？我认为这离不开移情的应用，潜意识地将自己置身于伊斯兰文化之下，从而达到他扮演信徒角色的担当。

贝聿铭认为，“每个地方都有自己的文化传统，都有自己的历史，你要认识到这一点，然后再了解和学习当地的历史，而后再为这个地方设计建筑时，当地历史能为设计增添的灵感就比纸上谈兵丰富多了。基督教和佛教，几乎是我生命的一部分，所以我理解起来也就没什么困难，但对伊斯兰教我几乎一无所知。我读了《穆罕生平》这本书来开始了解，现在你问我一些关于穆罕默德的问题，我就能答得上来了。不过，我对伊斯兰教还是知之甚少，我觉得除非我再多学习学习，否则就不该在那里开展工作……当然要先了解伊斯兰教的历史。伊斯兰教是一种宗教，但却对建筑产生了极大的影响，就像基督教对建筑的影响一样。”从其表述我们还可以知道，贝聿铭是通过阅读伊斯兰历史以及将自己置身于伊斯兰地域环境当中，来引发移情的应用，最后才探索到伊斯兰建筑的精髓。

很明显，曾经来到中东但仅作为游历者的贝聿铭，与此后为探索其建筑精髓而重返中东，将自己置身伊斯兰文化之中的贝聿铭，对科尔多瓦清真寺有非常不一样的看法。他说：“以前我觉得科尔多瓦清真寺是将伊斯兰风格发挥到了极致的建筑，是绝美的伊斯兰建筑之一。但实际上并非如此，它不能真正代表伊斯兰教的建筑风格，我也认为它不算代表作。伊斯兰教的建筑中，有很多表现方式，关键在于你要找到你认可的风格。而我也要找到，我心目中认可的建筑精髓。建筑造型本身就很吸引人，就算没有手书文字、镶嵌图案，也没有色彩和壁柱，也很吸引人。在我看来，最漂亮的伊斯兰建筑十分简朴，全都很简朴。

至少在我对伊斯兰建筑的定义中，它们都很简朴。而建筑的精髓，与太阳和沙漠密不可分。”

而在伊斯兰博物馆的开馆仪式上，贝聿铭先生表示“我非常荣幸能在这里跟大家见面，我只是一名建筑师，但这座建筑对我而言意义非凡，它让我认识了另一个世界，另一种宗教和另一类文化。”我们可以看到贝聿铭先生在进行跨越文化的建筑设计时，学习该文化下的历史、宗教、文化，将自己置身于该环境中，本能地使用了移情的方法，才筑出了抓住文化精髓的伊斯兰艺术博物馆。

贝聿铭先生曾说：“建筑是为人服务的，它必须与生活本身，与特定的时间和地点产生某种联系。”设计师就是要设计出这样的联系。而我认为，作为设计师，也只有将自己置身于特定的时间和地点之中使用移情，才能创造出这样的联系。当然，在贝聿铭先生其他的作品中，我们也能够看到移情的应用。

图 11-5　法国卢浮宫玻璃金字塔，贝聿铭，法国巴黎，1989 年建

在贝聿铭先生最为人称道的作品——巴黎卢浮宫金字塔的建筑设计的纪录片中，贝聿铭先生说：“一开始，我没有马上接受他们的邀请，理由很充分，我要确信，我是那项工作的最佳人选。可在当时，我没有那样的把握。”而如何才能让自己有那样充分的把握呢？在这个世界上最大的博物馆的古老长廊里，他曾经无数次地来回踱步，假设自己是参观者，寻找和思索问题的核心所在。在踱步和思考的过程中，贝先生将自己置身于特定的时间和地点之中，感受和思考，深度地使用移情方法，才有了最终的设计方案。

贝聿铭先生在中国的开山之作是香山饭店。当贝聿铭被提问道："当您着手设计香山饭店时，您做了哪些准备工作？"贝聿铭回答道："噢，老实说，我做了大量的心灵探索。在建筑与自然的关系上，中国的概念与西方的完全不同，比如说凡尔赛宫与苏州园林，它们毫无共同之处。如果你问中国人，他们觉得哪个更像是在家的感觉，他们肯定会说苏州园林，这种建筑与自然之间的关系

图 11-6　香山饭店，贝聿铭，北京，1982 年建

至今仍在起作用。如何看待自然是非常重要的。我记得苏州园林里的那些窗子，它们有时是花瓶形状的，有时是竹子形状的，有时又像扇形。而当我们从麦迪逊大街的办公室的窗子向外望去，东河在我们的整个视线里。在中国，土地没有这么充裕，人又很多，园林不需要那么大，它们不是很大并且环绕四周，那些窗子更像是一个个画框。如果你去大都会博物馆，你会看到那种园林的一个复制品。在窗子的一边是一些嫩竹，竹的后面是一面白墙，在窗子和墙之间只有 5 ~ 6 英尺（1.5 米 ~ 1.8 米）远。我觉得它创造了一幅美丽的图画，一个人可以从这些想法中开始寻找地方特色，我就是从这里开始。”贝聿铭先生认为从地方特色之处进行心灵的探索，是设计灵感的源泉。也就是说，有意识地使用移情，将自身置身于这些地方的独特之处，感受并感悟，不仅是心灵上的探索，也是设计的最佳途径。

贝聿铭先生当年回归故乡，设计了苏州博物馆，他表示：“苏州四面环水，整座城市被包围其中。这座城市充满了诗意，但最重要的是，在我看来，当你想到苏州的时候，你不能忽略的是，这座城市已有两千五百年的历史，木质的屋舍，砖砌的瓦房，这是一座小城市，一座充满人文气息的城市，一片人们安居乐业的乐土。所以我认为，博物馆必须要展现这种传统风貌。”可以看出，贝聿铭潜意识中还是用到了移情的方法，将自己完整地置身于杭州的历史文化中，在其中进行了深刻的探寻，才输出了如此动人韵味的设计。

其实早年贝聿铭并没有开展商业住房类的设计。而是辞去了教师的职务，接受了美国房地产巨商泽肯托夫的邀请，才开始从事商业住房的设计，当然这件事也使他备受争议。但是他说：“首先你必须要去看看，人们是怎么生活的。我在 1951 年经过华盛顿西南区的时候，我被那里的贫民窟惊呆了。就在离首都华盛顿近在咫尺的地方，竟然还有人住在破旧的棚屋里，门外就是下水道，你几乎不敢相信这是真的。这些情形立刻触动了我的神经，从那时起，我就开始对建造第一家住房产生了兴趣。”我想，也是因为用到了移情方法，感受到近在咫尺的贫民窟生活，才有了贝聿铭开始建造商业住房的选择，也才有了今天我们看到的贝聿铭。

图 11-7　苏州博物馆，贝聿铭，中国苏州，2006 年

再谈谈另外一位本土建筑设计师，普利兹克建筑奖的首位中国籍得主——王澍先生。从他的理念中，我们也能看到许多关于移情方法的应用。他说自己的设计来源是自然、宋画与古诗，对于建造的理解是来自普通匠人。当城市化浪潮到来时，他说“重要的是，建筑师通过自己的创作怎么样来帮助人们跨越城乡之间对立价值观的鸿沟”。

王澍作为本土建筑师，一直坚持中国传统营造的文化观。在他十多年的从业生涯中，扎根于研究中国民间的传统营造技术，在建筑与环境之间试图营造出带有中国文人气质的建筑内涵。他对于建筑如何适应于环境以及营造所传达的空间感受有他独特的文化价值观。对于他来说，施工现场的工匠师傅们更容易给他带来灵感。感受一个建筑的场所更在于建筑基于的环境，环境所处的历史场所和自然场所对于王澍来说是历史和现实的交汇点。前人带来的历史感以及对现实环境的个人解读也许是王澍的出发点。对于他来说，建筑的轮廓在他感受场所的那一刻就已经产生了。我想，这即是移情的高超应用。

在教育的层面看，王澍先生也引导学生们身临其境地感悟和思考，引导学生们也使用移情的方法去设计和创造。作为中国美术学院建筑艺术系主任，王澍说："对于自己的学生他并没有像传统工科院校的教育一样灌输套路式的设计课程，而是更多将设计作为学生日常生活的一部分，在潜移默化中让学生去领悟理解、自然学成。就像传统的师徒关系一样，师傅什么也不教，只是让徒弟去看，自己去领悟，用自己的亲身体验去学习，在保留了学生个性的同时，也教会了学生去观察思考，用自己对于生活的理解去营造。真正的建筑设计过程也不过如此。"

图 11-8 中国美术学院象山校区，王澍，中国杭州

王澍说："我的设计的出发点始终是场地。我必须了解场地周围的生活、人群和气候。"王澍在南京工学院获得学士学位，后来攻读硕士学位，到了杭州研究老建筑的修复问题。十几年间王澍出没于江南的大街小巷，追踪于民间工匠的传统营造足迹，记录着点点滴滴。他考察的不仅是传统的营造技术，还有传

统的生活状态，从那些黑瓦、青砖、竹胶板、竹坯子、沙石灰里寻找文化根源性的东西。他认为，现代的东西和传统的东西能够结合在一起。例如他为中国美术学院设计的“象山校园”。

图 11-9　中国美术学院象山校区，王澍，中国杭州

王澍说：“我不完全模仿历史上的任何东西，但你能感觉到我的作品中的传统的元素。别的建筑师考虑空间。我考虑类型和原型。原型与记忆中的事物有关。”可以说，通过移情的方法，王澍先生不断学习和感受，使得中国美术学院象山校区重新阐释了当代建筑融入环境，尊重文脉的理念。白墙灰瓦，延绵起伏的屋顶，竹窗游廊，烟雨蒙蒙中，建筑场景化为生活的一部分，建筑融入了历史

生活，不再成为环境的主宰，而是成为环境的一部分。农田、鱼塘作为校区的一部分，传统的生活方式被保留了下来，不仅再现了江南的传统聚落，也再现了这里过去和现在赖以生存的鱼米文化。不得不说王澍是一个有历史责任感的建筑师。

在陈东东（以下简称“陈”）对王澍的《建筑是可以叙事的》的访谈中，我们可以感受到王澍（以下简称“王”）先生将自己置身于某时某地的情境中，考虑人们的生活方式，并且体验和感受这之中的精神力量，才会有那么成功的建筑设计。这是无知觉间对移情方法的自觉使用。引用下面这一段访谈内容来作具体说明：

陈：你曾说，“这个实验建筑（象山校区）如果最后不能让住在上面的人有所为，它就是一个真正叫做自娱自乐的建筑。”你是想因为你的实验建筑来让人获得一种不同以往和一般的经验感受吗？

王：它带有一种邀请的姿态，邀请人进入我们的世界。当然重点是在经验和体验上。它和那种只是在一张照片上看上去很酷或很炫的建筑不同。因为现在那类很酷或很炫的建筑很多，一走进去发现里面非常空洞——它不是这一类的。它是为了人在里面能够获得体验和经验，在这方面花了很大的工夫。走到建筑里面的很深处，你就会看到这样的用心。

陈：就是说你的实验建筑在考虑为人们的生活设计一种新的方案和方式？

王：这是我的乐趣所在。我特别喜欢到某座城市、某个地方去，当然不是学究似的研究，而是漫无目的的闲逛，我看到许多有趣的事情。我不完全把它们干巴巴地从功能方面来考虑，对我来说那都是精神生活。哪怕是一堆老大妈在那里聊天，说那么多的话，这本身就是一种精神生活的氛围。不是说非要讲很多哲学才叫精神生活。所有的交流性的东西，对我的吸引都特别大，我会设计很多地方让人交流，譬如说你会看到这座山上有一个洞，里面有两个人站在那儿，他们在交流，或是一条斜坡道，有两个人站在那儿，他们在交流，屋顶上，我会设计一个地方，让人在那里交流……

陈：那你把自己也放进去了，你在做建筑的时候，其实是从对你自己生活的设想出发的。

王：我做建筑其实有点像拍电影。建筑最终是在空间当中，在场所当中的。所谓像拍电影，不光是在运动啊，视觉这方面的，实际上我对我建筑里的生活世界，相当于是有分镜头剧本的。一个地方，一个地方，我都是有差别地去考虑的，就是它可能会发生什么事情。

陈：这非常有意思，因为电影可能是先有故事或先有剧本，然后才有场景；那么你可能先是考虑了一种生活的方式，然后才有建筑设计。

王：当然我不太喜欢有头有尾的……

参考文献

[1] （美）C. D. 威肯斯等 . 人因工程学导论 [M]. 张侃等译 . 上海：华东师范大学出版社，2007.

[2] （瑞士）C. G. 荣格 . 移情心理学 [M]. 梅圣洁译 . 北京：世界图书出版公司，2014.

[3] （芬兰）Ilpo Koskinen 等 . 移情设计：产品设计中的用户体验 [M]. 孙远波等译 . 北京：中国建筑工业出版社，2011.

[4] （美）J. W. 卡莱特等 . 情绪 [M]. 周仁来等译 . 北京：中国轻工业出版社，2009.

[5] （美）JJ Gibson. The ecological approach to visual perception[M]. Boston：Houghton Mifflin. 1979.

[6] （荷兰）Kouprie M，（荷兰）Visser FS. A framework for empathy in design：stepping into and out of the user's life[J]. Journal of Engineering Design，2009，20（5）：437-448.

[7] （美）Mark H.Davis. Empathy：A Social Psychological Approach[M]. Colorado：Westview Press，1996.

[8] （美）Michael S. Gazzaniga，Richard B. Ivry，George R. Mangun. 认知神经科学 [M]. 周晓琳，高定国等译 . 北京：中国轻工业出版社，2011.

[9] （英）M. W. 艾森克，（英）M. T. 基恩 . 认知心理学 [M]. 高定国等译 . 上海：华东师范大学出版社，2009.

[10] （英）R. L. Gregory. 视觉心理学 [M]. 罗德望译 . 台湾：五洲出版社，1987.

[11] （美）W. 利德威尔 . 最佳 100 设计细则 [M]. 刘宏照译 . 上海：上海人民美术出版社，2005.

[12] （德）埃迪特·施泰因 . 论移情问题 [M]. 张浩军译 . 上海：华东师范大学出版社，2014.

[13] （美）戴维·霍瑟萨尔，（中）郭本禹 . 心理学史 [M]. 郭本禹等译 . 北京：人民邮电出版社，2011.

[14] （美）菲利普·津巴多,（美）罗伯特·约翰逊,（美）安·韦伯. 普通心理学 [M]. 王佳艺译. 北京：中国人民大学出版社，2008.

[15] （德）冯特. 人类与动物心理学讲义 [M]. 李维译. 北京：北京大学出版社，2013.

[16] （德）黑格尔. 美学译文 [M]. 北京：中国社会科学出版社，1980.

[17] （美）亨利·德莱福斯. 为人的设计 [M]. 陈雪清，于晓红译. 南京：译林出版社，2012.

[18] （美）杰弗里·米勒. 超市里的原始人 [M]. 苏健译. 杭州：浙江人民出版社，2017.

[19] （加）科林·埃拉德. 迷失：为什么我们能找到去月球的路，却迷失在大卖场 [M]. 李静滢译. 北京：中信出版社，2010.

[20] （美）克里斯托弗 D. 威肯斯,（加）贾斯廷 G. 霍兰兹,（加）西蒙·班伯里,（美）雷杰·帕拉休拉曼. 工程心理学与人的作业 [M]. 张侃，孙向红等译. 北京：机械工业出版社，2014.

[21] （美）库尔特·考夫卡. 格式塔心理学原理 [M]. 李维译. 北京：北京大学出版社，2010.

[22] （美）拉嘉·帕拉休拉曼,（美）马修·里佐. 神经人因学 [M]:工作中的脑. 张侃等译. 南京：东南大学出版社，2012.

[23] （美）劳伦·斯莱特. 20 世纪最伟大的心理学实验 [M]. 郑雅方译. 北京：中国人民大学出版社，2010.

[24] （美）理查德·格里格,（美）菲利普·津巴多. 心理学与生活 [M]. 王垒等译. 北京：人民邮电出版社，2003.

[25] （美）鲁道夫·阿恩海姆. 艺术与视知觉 [M]. 滕守尧，朱疆源译. 成都：四川人民出版社. 1998.

[26] （美）露西·乔·帕拉迪诺. 注意力曲线 [M]. 苗娜译. 北京：中国人民大学出版社，2016.

[27] （美）罗伯特 L. 索尔所等. 认知心理学（第七版）[M]. 邵志芳等译. 上海：上海人民出版社，2008.

[28] （美）罗杰·R·霍克. 改变心理学的 40 项研究 [M]. 白学军等译. 北京：中国人民大

学出版社，2015.

[29] （美）马丁 . L. 霍夫曼 . 移情与道德发展——关爱和公正的内涵 [M]. 杨韶刚，万明译 . 哈尔滨：黑龙江人民出版社，2003.

[30] （美）玛格丽特·马特林 . 认知心理学：理论、研究和应用（原书第 8 版）[M]. 李永娜译 . 北京：机械工业出版社，2016.

[31] （美）斯蒂芬 M. 科斯林，（美）G. 韦恩·米勒 . 上脑与下脑：找到你的认知模式 [M]. 方一雲译 . 北京：机械工业出版社，2015.

[32] （美）唐纳德·A·诺曼 . 情感化设计 [M]. 付秋芳，程进三译 . 北京：电子工业出版社，2005.

[33] （美）唐纳德·A·诺曼 . 如何管理复杂 [M]. 张磊译 . 北京：中信出版社，2011.

[34] （美）唐纳德·A·诺曼 . 设计心理学 [M]. 梅琼译 . 北京：中信出版社 . 2003.

[35] （美）唐纳德·A·诺曼 . 未来产品的设计 [M]. 刘松涛译 . 北京：电子工业出版社，2009.

[36] （美）威廉·立德威尔，（美）克里蒂娜·霍顿，（美）吉尔·巴特勒 . 设计的法则 [M]. 李婵译 . 沈阳：辽宁科学技术出版社，2010.

[37] （美）威廉·詹姆斯 . 心理学原理 [M]. 唐钺译 . 北京：北京大学出版社，2013.

[38] （美）西恩·贝洛克 . 具身认知：身体如何影响思维和行为 [M]. 李盼译 . 北京：机械工业出版社，2016.

[39] （美）亚伯拉罕·马斯洛 . 动机与人格 [M]. 许金声，等译 . 北京：中国人民大学出版社，2007.

[40] （英）亚当·斯密 . 道德情操论（英汉对照）[M]. 吕宏波，杨江涛译 . 北京：九州出版社，2007.

[41] （美）约翰·R·安德森 . 认知心理学及其启示（第七版）[M]. 秦裕林等译 . 北京：人民邮电出版社，2012.

[42] （日）后藤武，佐佐木正人，深泽直人 . 设计的生态学 [M]. 黄友玫译 . 桂林：广西师范大学出版社，2016.

[43] 董玉妹 . 面向产品服务系统的移情设计研究 [D]. 无锡：江南大学设计学院，2014.

[44] 何静．身体意象与身体图式——具身认知研究 [M]. 上海：华东师范大学出版社，2013.

[45] 李彬彬．设计心理学 [M]. 北京：中国轻工业出版社，2012.

[46] 李乐山．符号学与设计 [M]. 西安：西安交通大学出版社，2015.

[47] 李乐山．工业设计心理学 [M]. 北京：高等教育出版社，2004.

[48] 李正文，朱毅．白噪声在室内声环境设计中的运用 [J]. 住宅科技，2015，4：44-46.

[49] 柳沙．设计心理学 [M]. 上海：上海人民美术出版社，2013.

[50] 孟昭兰．情绪心理学 [M]. 北京：北京大学出版社，2005.

[51] 彭聃龄．普通心理学 [M]. 北京：北京师范大学出版社，2012.

[52] 钱家渝．视觉心理学 [M]. 上海：学林出版社，2006.

[53] 苏彦捷．环境心理学 [M]. 北京：高等教育出版社，2016.

[54] 王澍．造房子 [M]. 长沙：湖南美术出版社，2016.

[55] 武兵，黄敏，邓梁．非彩色背景明度变化对目标色色貌的影响 [J]. 北京印刷学院学报，2007，15（2）：5-10.